大豆
生理与分子研究

◎ 张永芳　著

中国农业科学技术出版社

图书在版编目（CIP）数据

大豆生理与分子研究 / 张永芳著 . --北京：中国
农业科学技术出版社，2024. 8. --ISBN 978-7-5116
-7019-9

Ⅰ. S565. 1

中国国家版本馆 CIP 数据核字第 2024RF8426 号

责任编辑	张国锋
责任校对	李向荣
责任印制	姜义伟　王思文

出 版 者	中国农业科学技术出版社
	北京市中关村南大街 12 号　　邮编：100081
电　　话	（010）82109705（编辑室）　　（010）82106624（发行部）
	（010）82109709（读者服务部）
网　　址	https://castp.caas.cn
经 销 者	各地新华书店
印 刷 者	北京建宏印刷有限公司
开　　本	170 mm×240 mm　1/16
印　　张	12. 25
字　　数	220 千字
版　　次	2024 年 8 月第 1 版　2024 年 8 月第 1 次印刷
定　　价	80. 00 元

山西大同大学基金资助出版

山西省高等学校科技创新计划项目（2022L459）资助

山西省教学改革项目（XJG2020215）资助

山西大同大学博士科研启动经费（2021-B-08）资助

山西大同大学产学研专项（2022CXY11）资助

作者简介

　　张永芳，女，汉族，山西应县人，1982年生，博士，毕业于东北农业大学植物学专业，现为山西大同大学农学与生命科学学院教师，副教授。主要从事普通生物学、生物化学、分子生物学、中学生物课程标准解读与教材分析、中学生物实验教学能力训练等的教学工作，研究方向为植物生理及分子生物学。参与国家自然科学基金项目3项，主持山西省高等学校科技创新计划项目1项，参与山西省应用基础研究项目4项，主持大同市重点研发项目2项，发表SCI和国家中文核心期刊论文20余篇，获意大利发明专利1项，国家发明专利1项，实用新型专利3项。

前　　言

　　大豆（*Glycine max* L. Merr），又称菽，属一年生双子叶草本植物，是黄豆、青豆、黑豆的统称，含有丰富的蛋白质、脂肪等营养物质，由于营养价值丰富，用途多样，千百年来一直是人们喜爱的食品，被称为"豆中之王""田中之肉"，在国民经济中占有重要地位，是世界重要的粮食、油料、饲料兼用作物，也是未来农业可持续发展不可或缺的重要组成部分。大豆起源于中国，在我国栽培和食用历史悠久，与稻、黍、稷、麦并称五谷，是伴随我国文明发展至今的作物，在我国南北地区广泛栽培，主要分布于三个区：一是东北春大豆区，二是黄淮流域夏大豆区，三是长江流域春夏大豆区。其中，东北春播大豆区和黄淮夏播大豆区是我国种植面积最大、产量最高的两个地区。

　　本书是笔者2006年以来研究大豆生理以及分子遗传育种等相关成果的总结汇编。书中主要介绍了大豆的农艺、品质、香味、结瘤等生物学性状，抗逆生理等内容。现将相关研究成果结集出版，以供大豆栽培、抗盐、抗旱栽培以及相关领域的科研、管理人员参考。

　　全书由五章组成：第一章概论，第二章大豆农艺及品质性状研究，第三章大豆香味性状研究，第四章大豆结瘤性状研究，第五章大豆抗逆生理机制研究。

　　衷心感谢我的导师邱丽娟研究员在我研究工作中给予的大力支持！感谢课题组成员范海、李英慧、关荣霞、金龙国、郭勇、谷勇哲、李富恒等教授在我开展大豆研究中提出的宝贵意见和建议。还要特别感谢黄昆、刘志娥、刘丽萍、陈耀先、钱肖娜、张瑞、张婷婷、贾永芳、董世妍、丁佳、刘文韬、张雅、周婷、唐凤至、马博岩、陈扬、李思蓓、王碧玉等同学所做的相关工作，他们的研究为本书提供了大量的素材。感谢中国农业科学技术出版社对本书出版的大力支持和配合。本书是笔者承担的山西省高等学校科技创新项目（2022L459）、山西省教学改革项目（XJG2020215）、山西大同大学博士科研启动项目（2022-B-08）、山西大同大学产学研专项（2022CXY11）等项目研究成果的总结，本书的出版得到了山西大同大学著作出版经费的资助，写作时引用了大量前人的研究文献，在此一并表示感谢！由于作者学术水平和文字能力有限，书中难免有错误及不妥之处，敬请同行专家和读者批评指正。

张永芳
2024 年 3 月于大同大学

目　　录

第一章 概论

第一节 大豆的起源及历史

一、大豆的起源

大豆（*Glycine max*（L.）Merr.），又称菽，属一年生双子叶草本植物，具有较强的耐旱、耐盐碱、耐低磷等抗逆性，适应性较强，是全球重要食品、农业商品饲料、工业油脂和蛋白质生物燃料的主要来源，世界上最常种植的作物之一。国内外学者基本达成共识认为我国是栽培大豆起源地，但在中国何处起源，至今众说纷纭，尚无定论。研究人员根据历史文献对"大豆"的记载、考古学研究、结合比较生物学提出了不同的起源说，主要有东北起源学说（Fukuda，1933；李福山，1994），南方起源学说（王金陵，1947；庄炳昌等，1994；刘德金等，1995；盖钧镒等，2000），多中心起源学说（吕世霖，1978），黄河流域起源学说（Hymowitz 等，1981；李莹等，1991；王书恩，1986；徐豹，1986；常汝镇，1989）。以上各种学说都有各自的道理，但证据的丰富程度不同，研究角度也不一样，尚未得到能解释多方面现象的结论（田清震等，2001；赵团结等，2004）。也有学者认为栽培大豆在龙山文化时期起源于中国北方尤其是辽宁、河北、山西等省的山地、盆地地区（孙永刚，2014）。

二、大豆的历史

大豆在我国已有 5 000 多年的栽培历史，是我国传统种植的古老作物，经历了从野生大豆到栽培大豆的历史变迁。公元前 5 世纪到公元前 3 世纪，已有对大豆分布、种类以及形态的描述。《诗经》中将大豆称为"菽"，并写道：

"中原有菽，庶民采之""岁聿云莫，采萧获菽"。根据词义，"菽"应指采集野生或半野生大豆种子，"获菽"是收获栽培大豆，可推测西周时代人们开始既栽培又采集大豆，是从野生大豆驯化为栽培大豆的初期阶段（郭文韬，1993）。而《诗经·豳风·七月》写道："黍稷重穋，禾麻菽麦。"可见，春秋时期，大豆慢慢位列日常大田作物（程俊英，2014）。战国时期，大豆成为生活中的主要作物。在《管子·重令》中写道："菽粟不足，末生不禁，民必有饥饿之色"（李山，2009）。英语中"Soybean"，就是我国"菽"的译音。soy这个词来自于日语单词shoyu，首次出现在1597年出版的一本日语词典中（司马迁，2011）。到秦汉后，"大豆"代替了"菽"并被广泛应用，早在《神农书》的《八谷生长篇》中记载"大豆生于槐，出于泪石云山谷中，九十日华，六十日熟，凡一百五十日成。"《清异录》中记载："肉味不给，日市豆腐数个，邑人呼豆腐为小宰羊"（陶谷，1991）。宋代苏轼的《物类相感志》就有记载："豆油煎豆腐，有味"。宋朝（公元960—1279年）的后半期大豆开始普及（Shinoda，1971）。到明清后，大豆食品加工技术愈加完善，出现了许多大豆制品如：豆豉、豆腐、豆酱、豆油、豆浆、腐乳、腐竹等，受到社会各界的欢迎，种植面积和产量不断增加，在中国历史粮食体系中占有重要地位。"酱油"于周朝之前（公元前211年之前）发明后，相继传入朝鲜、越南、泰国、马来西亚、菲律宾等国（宋健华，2013）。"豆浆"起源于1900多年前我国，由于其香味浓郁、营养丰富，易于消化吸收，在唐朝时传入日本，宋朝时候传入朝鲜，18世纪传入北美、非洲，逐步成为世界性家喻户晓的大众化食品。

第二节　大豆的分布及生长环境

一、大豆的分布

大豆适应生态环境能力非常强，在我国从南到北、从东到西均有分布。大豆生产主要集中在三个地区：一是东北春大豆区，包括黑龙江、吉林、辽宁及内蒙古等省区，产量占全国的40%~50%，是我国大豆生产基地；二是黄淮流域夏大豆，包括河北、河南、安徽、山东、山西、陕西、宁夏、甘肃等省区，产量占全国总产量的25%~30%；三是长江流域夏大豆区，包括江苏、浙江、湖北等省，产量占全国总产量的10%~15%（罗瑞萍等，2018）。

二、大豆的生长环境

大豆生长发育对土壤要求不严格，除沼泽地、盐碱地之外，土层深厚、有机质丰富，灌排良好，保水力强，pH值6.8~7.5的土壤种植大豆均适宜。沙土地种植大豆，只要重视肥水管理也能获得增产。

大豆需水较多，每形成1g干物质，耗水600~1 000g。大豆对水分的要求在不同生育期是不同的。种子萌发时要求土壤有较多的水分，满足种子吸水膨胀萌芽之需，这时吸收的水分相当于种子风干重量的120%~140%。适宜的土壤最大持水量为50%~60%，土壤最大持水量低于45%，种子虽然能发芽，但出苗很困难。一般大粒种子需水较多，适宜在雨量充沛、土壤湿润地区栽培；小粒种子需水较少，多在干旱地区种植；大豆幼苗时期地上部生长缓慢，根系生长较快，如果土壤水分偏多，根系入土则浅，根量也少，不利形成强大根系；从初花到盛花期，大豆植株生长最快，需水量增大。初花期受旱，营养体生长受影响，开花结荚数减少，落花、落荚数增多；从结荚到鼓粒时仍需较多的水分，否则会造成幼荚脱落和秕粒、秕荚；大豆成熟前要求的水分较少，气温高，阳光充足能促进大豆籽粒充实饱满。

大豆是短日照作物，日照范围9~18h，短日照能促进花芽分化，提早开花成熟。大豆长出第一片复叶时，对光照就起反应，一般幼苗通过5~12d短日照即可完成光照阶段。大豆是喜光作物，对光照条件好坏反应较为敏感。由于大豆花荚分布在植株上下部，因此上下部各位置叶片都要求得到充足的阳光，以利于叶片进行光合作用，以便将有机养分输送到各部位花荚。所以，栽培过程中要保证大豆群体生长植株透光良好，每层叶片都能得到较好的光照条件，进行光合作用，才能有效地提高产量。

大豆是喜温作物，各生长发育阶段对温度都有不同要求。首先，种子萌发对温度很敏感，发芽最低温度为6℃，出苗为8~10℃，幼苗在-4℃低温则受轻微冻害。其次，在整个生育期间，大豆适宜的生长温度为日气温20~25℃，其中幼苗适宜生长温度为20~22℃，花芽分化期为21~23℃，开花期为22~25℃，结荚鼓粒期为21~23℃，成熟期为19~20℃，整个生育期所需积温，一般要求2 400~3 800℃（罗瑞萍等，2018）。

第三节　大豆的植物学特性

大豆由根、茎、叶、花、果实等器官组成。根系发达，属直根系，由主根、侧根和根毛组成。主根向下垂直生长，深入土壤，构成根系的主体，主根产生的分枝为侧根，侧根又继续分枝，形成三四级侧根，幼根密生根毛，根毛吸收土壤中的水分和养分，通过根运送到植株的各个部位，使得大豆具有较强的耐旱能力，同时，在大豆根系着生许多根瘤菌，可以固定大气中的氮气为含氮化合物，为大豆生长发育之需；茎分枝能力强，包括主茎和分枝。主茎明显、坚韧，多为圆柱形，也有扁平茎，幼茎有绿色与紫色，绿色的开白花，紫色的开紫花，成熟时茎色不一，有淡褐色、褐色、深褐色、紫色和绿色，茎上着生有棕色和灰色茸毛，茎直立或半蔓性，茎秆中空，节部着生叶和叶鞘；叶为羽状复叶，小叶一般有 10～20 对，叶形多样，多为椭圆形或倒卵形，在同一植株，居上部的叶片较下部叶片细长些；花为典型的蝶形花，由萼片、花萼、花冠、雄蕊和雌蕊组成，着生在叶腋间的茎上和茎的顶端，花朵聚生在花梗上叫花簇。花冠由一枚大的旗瓣、两枚翼瓣和两枚龙骨瓣组成，花色一般为黄白色或紫黑色，也有的是淡紫色或淡黄色，花序为总状或复总状，花朵较小，果实为荚果，通常有 2~4 个荚，每个荚中有 1~3 颗种子，种子形状有圆形、椭圆形等，颜色有黄色、绿色、褐色等多种。生长周期一般为 120~150d，根据品种和生长条件的不同，生长周期也会有所差异。

第四节　大豆的成分及功能

一、大豆的营养成分及功能

大豆种子含有丰富的营养物质，包括蛋白质、脂质、碳水化合物、矿物质、维生素等。蛋白质占 38%～44%，是其他粮食作物的 2~5 倍，能够提供人体所需蛋白质含量的 30%～40%，蛋白质中富含人体所必需的 8 种氨基酸，其中赖氨酸的含量非常高，占 6.05%，是人类和动物摄取氨基酸非常好的来源之一，可以提高人体的免疫力，素有"植物肉"的美称；大豆中的脂质含量为 16%～22%，有些品种受到种类和种植方式的影响，脂质含量可高达 25%，大豆油脂主要由脂肪酸、磷脂和不皂化物组成，不含胆固醇，其中不饱和脂肪酸的含量最高，在 80% 以上。饱和脂肪酸的含量较低，为 15% 左右，磷脂含量为 1.1%～3.2%，不皂化物的含量最低，总含量为 0.5%～1.6%；大豆中碳水化合物的含量占比为 20%～30%，含量颇丰，但其组成成分较为复杂，主要分为可溶性碳水化合物和不溶性碳水化合物，其功能也因组成成分的不同而呈多样化；大豆中所含矿物质含量占大豆籽粒总重的 4.5%~6.8%，且种类繁多，有钾、磷、钙、镁、碘、铁、硒、锌、钠等，其中含量最高的是钾、磷、钙。这些矿物质在机体组织的正常生理活动和新陈代谢中起到举足轻重的作用，钙、磷、镁是构成牙齿和骨骼的重要组成成分，钙、锌能够为酶的活化起到促进作用，同时矿物质的存在能够使机体的酸碱平衡和细胞的渗透压维持稳定；大豆还含有维生素 A、维生素 B_1、维生素 B_2、维生素 B_3、维生素 B_5、维生素 B_6、叶酸、维生素 E 等，所含维生素种类不齐全，含量也偏少。种类以 B 族维生素为主，维生素 A、维生素 E 含量相对较高，其中水溶性维生素占大部分，脂溶性维生素占比较少。大豆中的维生素 E 具有很强的抗氧化、抗衰老功能（李傲辰，2020）。

二、大豆的生物活性物质及功能

大豆种子中还含有生物活性物质，如低聚糖、皂苷、异黄酮、甾醇、蛋白肽、膳食纤维、胡萝卜素等。低聚糖包括水苏糖、蔗糖、棉籽糖以及果糖等，能够促进肠道中有益菌的增殖，增强免疫功能，防治便秘、腹泻，降低血清胆固醇，且低聚糖本身不易被人体吸收，是肥胖症患者和高血糖患者的保健食品原料（Hayakawa 等，2009）；皂苷包括 A、B、E 三种，其中皂苷 A 与苦味、涩味有关，皂苷 B 在胚轴中有 Ba、Bb 两种，子叶中有 Bb、Bc、Bb' 和 Bc' 四种，温和条件下还含有 2,3-二氢-2,5-二羟基苯甲醚 4-吡喃-4-酮（吕凤霞等，2001），大豆皂苷可降低血液中的胆固醇和甘油三酯，抑制血清脂类的氧化，还可以抗脂质氧化、降低过氧化脂质，增加细胞超氧化物歧化酶（Super Oxide Dismutase，SOD）的含量，降低辐射对遗传物质的损伤，促进 DNA 的修复，具有抗肿瘤、抗病毒、抗动脉粥样硬化、抑制血栓、治疗口腔溃疡等作用（Berhow 等，2000）；异黄酮可以有效防治乳腺癌、骨质疏松、抑制癌细胞、保护心脑血管、缓解更年期症状以及其他慢性病（津崎等，1998）；大豆甾醇具有降低胆固醇、抗氧化、消炎、防治癌症等多种生物活性。

三、大豆的挥发成分及功能

大豆种子中还含有较多的挥发成分，主要包括醛类、酮类、醇类、酯类、呋喃类、烃类、酸盐类等几十种化学物质（Achouri 等，2008），这些成分与大豆风味有关。科研人员以菜用大豆和油用大豆为材料，利用 GC-MS 分析了不同种子不同发育阶段（从开花期开始，每 10 d 采样一次直至成熟）的挥发性物质的含量与变化，结果共检测到菜用大豆挥发性成分 75 种，油用大豆品种挥发性成分 98 种，主要挥发物为小分子的醇类、醛类、酮类、烯醛、烯醇、酯类以及呋喃类化合物，并指出具有花香、水果或青草香等芳香性气味的化合物共有 28 种，种子在接近成熟时挥发性物质的总数最少。开花后菜用大豆第三时期芳香性成分的含量最高，适宜食用，食味品质应该最佳；油用大豆第四时期芳香性成分的含量最高，适宜食用，食味品质应该最佳。研究人员以 7 个野生品种和 6 个半野生品种分析，结果表明野生大豆的挥发性物质种类少于半野生大豆，但是品种间类型丰富，半野生型大豆在品种间挥发性物质的含量更稳定，变化较小但数量上高于野生大豆（杨森，2007）。研究表明鲜食豆挥发成分 2-乙酰-1 吡咯啉（2-acetyl-1-pyrroline，2-AP）含量的多少与香味有关。2-AP 是一种类似爆米花香的挥发性化合物，分子式为 C_6H_9NO，分子量较低为 111.14176，沸点为 184.9℃（在 101.08kPa），这种香气成分存在于各种植物（Widjaja 等，1996；Yoshihashi，2002）、动物（Brahmachary 等，1990）、微生物（Adams 等，2007；Snowdon，2006）及其产品中（Schieberle 等，1991，Buttery 等，1983）。这种香气成分直接影响消费者的偏好和接受度，使大豆的市场价值翻倍。鲜食豆富含碳水化合物、蛋白质、维生素、矿物质和生物活性物质，近年来深受人们欢迎，尤其具有爆米花香味的鲜食大豆品种在我国台湾地区南部栽培并发展成为爆米花品种，在美国、欧洲和日本广泛种植。研究还发现"Dadachamame"和"Chakaori"含有与香米类似的甜味，如茉莉和印度香米（Fushimi 等，2001；Masuda，1991）。进一步研究发现，品种在"Dadachamam"的香气来源于 2-AP，毛豆期 2-AP 的浓度最高，与Buttery 等报道的引起稻米香的香气成分相同（Buttery 等，1983）；Wu 等研究也表明 2-AP 是香味大豆的主要特征成分，且高含量的 2-AP 与高浓度的甲基乙二醛和 δ1-吡咯啉-5-羧酸盐有关（Wu 等，2009）。研究人员发现含有 2-AP 的芳香大豆同时缺乏氨基醛脱氢酶（Amino aldehyde dehydrogenase，AMADH）活性。进一步测序发现该基因的外显子 10 缺失导致该酶提前终止表达，从而促使了 2-AP 的合成（Arikit 等，2010）；Plonjarean 等用 GC-MS 检测泰国大豆，发现正己醛（0.91%）、1-己醇（1.79%）是大豆最丰富的风味物质，但是微量的 2-AP 在大豆中却是首次发现（Plonjarean 等，2007）。

研究还表明，大豆花中含有 6 类 31 种挥发物，包括 11 种醇类、1 种酮类、7 种醛类、10 种烃类、1 种酯类和 1 种呋喃类，其中 1-辛烯-3-醇和 3-辛醇对大豆花气味特征的贡献较大，可能控制花的香味，且 1-辛烯-3-醇有甜的中药药草味道为强烈、别致的清香，3-辛醇为草药香和果仁香以及强烈油脂香。3-辛酮、正壬醛、反式-2-己烯醛使大豆花有豆腥味和青草味，乙酸己酯和2-戊基呋喃具有苹果和梨的香味，但贡献率低，浓度低时可能有豆腥味（黄显慈，1990），不同品种大豆花中挥发性成分含量存在较大差异（宋志峰，2014）。

第五节　大豆育种与栽培技术

一、大豆的育种

大豆育种技术是提高大豆品质及产量的关键，是农业发展的重点。育种方式有引种、纯系育种、杂交育种、辐射诱变育种、分子育种等，实践生产中，以杂交育种为主，辐射诱变、分子育种等多种育种途径相结合，可增加选育品种复种指数、品质、抗病性、稳产、高产以及适应性（李成磊，2018；李江涛等，2015）。

二、大豆的栽培技术

栽培技术是有效提高大豆产量、保证大豆种植经济效益的又一关键因素。选种时，根据生产区域的环境特点及市场需求，充分考虑当地生态类型，因地制宜地选择熟期适宜、高产、优质、抗逆性强的、已通过审（认）定的品种，这样的品种适应性强，能够在当地取得较高的产量，并且能保持较高的质量。播种前进行种子处理，可以有效降低生产过程中病菌基数，降低病虫害发生概率。种子处理技术有种子包衣、拌种等。可以根据实际情况选择合适的种子处理技术。选用优质种衣剂进行种子包衣，能增强种子的抗逆性，促进种子早发芽，提高发芽率，确保苗齐苗壮；酸性土壤种植大豆，可采用 $1.0\% \sim 1.5\%$ 钼酸铵溶液拌种，钼酸铵溶液喷在种子表面，拌匀，阴干后播种。肥力均匀，有机质含量丰富，排灌方便，耕作细致、近3年未种过大豆及其他豆科作物的土地更适宜种植大豆，避免重茬地块种植。

翻耕整地是大豆生产过程中的重要环节，通过翻耕整地，能熟化土壤，蓄水保墒，提高地力，使养分充分利用，促进大豆根系发育和根瘤分布，并能消灭杂草和减轻病虫为害。稻田种植春大豆，应在冬前翻耕，翻耕后按宽 $2 \sim 3m$ 围沟，春季抢晴天精细整地。要求土壤细碎，无暗垡，厢面平整。冬季空闲的旱地，在冬前翻耕，冬季种蔬菜的旱地，在收完蔬菜之后抢晴天翻耕，翻耕后精细整地。整地标准要求达到深、平、齐、碎、透，上虚下实。

　　适宜的土壤温度有利于大豆种子发芽，一般5cm土层日平均温度达到10~12℃时即可播种。中低海拔地区3月底至4月初为适宜播种期。穴播，行距27~33cm，穴距17~20cm，每穴播3~4粒种子。播种穴不需要太深，覆盖土层不能太厚，否则不利于种苗出土。栽植密度应根据品种特性及水肥条件而定，品种成熟时间越迟，种植密度越小，早熟品种栽45万~60万株/hm²，中熟品种栽37.5万~52.5万株/hm²，迟熟品种栽30万株/hm²左右。虽然大豆的根瘤菌具有固氮能力，但也需要施肥，尤其底肥很重要。播种前，基本都以氮磷钾作为基肥，大豆生长初期根系根瘤菌所产氮素难以满足生产需求，需要追施氮肥，保证大豆正常生长，夏季雨水多，可以施尿素，进入结荚期，可用钼酸铵或过磷酸钙叶面喷施。另外，施肥讲究分层施用，施种肥是分层施肥的一种形式，亦是集中施肥。追肥可以将肥料施用在作物生长发育最需要养分的时期。适时追肥对提高开花率和结荚率，减少落花落荚，提高大豆产量有积极的作用。在育种期间要进行移苗补缺、间苗与定苗、中耕除草和合理灌溉（戴继红，2023）。

第六节　大豆与环境胁迫

一、大豆与干旱胁迫

　　干旱胁迫是限制植物生长发育和作物产量的主要非生物胁迫因素（Yamaguchi等，1993；Bray等，1997）。目前，世界干旱、半干旱地约占可耕地的1/3，我国干旱、半干旱地占全国总耕地的1/2（主要分布在北方16个省、自治区、直辖市的741个县），严重影响作物的产量、品质和效益，并间接造成生态环境恶化。改良并利用旱地成为人们亟待解决的重大问题。

　　我国是大豆的起源地，拥有极为丰富的大豆种质资源。干旱是影响大豆产量的重要障碍因子（刘学义等，1993）。挖掘抗旱大豆种质资源，培育耐旱大豆品种，进行大豆的耐旱性研究已成为推动干旱地区农业发展的重大课题。近年来，许多研究者相继开展有关大豆耐旱性的研究工作，目前已取得明显进展。

　　大豆在干旱条件下生长时，不同器官如根、茎、叶、荚等往往会具有一系列的形态特征适应干旱胁迫。研究人员认为抗旱性强的品种发根早，主根长，侧根发达且数量多，根毛密度和根毛总长度均有增加（王金陵，1955；刘学义等，1996）；茎内维管束数目较多，利于水分的运输，但皮层细胞较小，防止水分的散失（尹田夫，1986）；叶片厚，表皮茸毛粗壮，茸毛基部有类似玉米气生支撑根的根状突出物，一方面减少叶片水分蒸发，另一方面保持叶面空气湿度，有利于光合作用，叶片横切面栅栏组织细胞粗壮，排列紧密，层次较整齐清晰（赵述文等，1991）；气孔密度叶背面大于叶正面，气孔长度叶背面低于叶正面，而单位叶面积气孔长度叶背面显著大于叶正面，说明叶背面对作物水分的扩散，气体交换的调控作用大于叶正面的作用。以上均为大豆在长期进化过程中适应恶劣环境的结果（路贵和，2000）。抗旱的大豆品种主要形态特点是植株高大，能形成较多的结荚部位，是高产抗旱的主要性状，如L65-1914、赤豆、中作96-2（吴伟等，2005）。大豆生态、形态及产量性状与抗旱性研究表明，耐旱强的大豆品种生态性状是：深绿色椭圆形叶，灰白茸毛，白色花，有限结荚习性，褐荚熟色，扁圆式椭圆粒，各种黄色及淡绿色种皮，各种褐色种脐，生育期较长（梁成弟，1990）。研究人员对13份野生大豆做抗旱性评价，发现野生大豆中存在高度抗旱基因型，其生态特点为生育日数120d左右，株高200cm左右，主茎明显，主茎节数较多，分枝数较少且短，结荚部位较低；中型椭圆叶，紫花，棕毛，无限结荚蔓生习性；小粒、黑种皮、椭圆粒，以二三粒荚为主，一粒荚次之，四粒荚较少，一级抗旱材料的四粒荚比栽培大豆多（史宏等，2003），抗旱性强的品种籽粒较小，发芽率和出苗率高（许东河等，1991）。

　　许多学者对大豆抗旱性生理生化机制进行了广泛深入的研究，认为耐旱大豆品种与渗透调节物质的积累、质膜透性、酶活性有关，高亲水性物质脯氨酸可以防止细胞在干旱时脱水。研究人员比较了不同耐旱性野生大豆材料，发现在苗期干旱胁迫下，植株水分变化、游离脯氨酸、可溶性糖的积累表现较突出（张美云等，2001），干旱胁迫时，植物抗旱品种细胞膜受到破坏的程度明显小于不抗旱品种，其过氧化物酶活性、SOD和脯氨酸含量都相对高于不抗旱品种（杨鹏辉等，2003）。随着干旱胁迫的加重，抗旱性强的品种游离脯氨酸积累强度大于抗旱性弱的品种，同时发现可溶性糖含量也逐渐积累，对细胞膜和原生质胶体有稳定作用，还能在细胞内无机离子含量高时起保护酶类的作用（王启明等，2005）；质膜透性的变化是抵抗干旱胁迫的又一重要指标，研究人员以抗旱性不同的12个大豆品种（系）为材料，分别测定不同品种在干旱胁迫下的电导率，结果表明抗旱性强的电导率低，抗旱性弱的则相反，认为相对电导率与产量呈负相关（杨鹏辉等，2003）。又有研究人员采用盆栽的方法测定干旱胁迫对不同品种和同一品种不同生育时期大豆叶片质膜透性的影响，发现在干旱胁迫前期大豆叶片相对电导率和丙二醛含量都呈缓慢递增的趋势，但增幅较小，而后期增幅明显；在同一品种的不同生育时期大豆叶片相对电导率和丙二醛含量的增幅不同，花荚期大于苗期，说明耐旱性品种比不耐旱性品种具有较低的质膜透性。以上研究表明，质膜透性的变化会因品种的差异和品种的生长发育时期的不同而不同（王启明等，2005）；干旱胁迫会导致大豆膜伤害，其原因是细胞自由基代谢的平衡遭到破坏，有利于自由基的产生，过剩的自由基引起或加剧膜脂过氧化作用，造成细胞膜系统的损伤。干旱胁迫下，大豆根系超氧化物歧化酶、过氧化物酶、过氧化氢酶活性显著增加，因此这些酶也被称作保护酶系统（高亚梅等，2007）。耐旱性品种比不耐旱性品种大豆苗期叶片具有较高的超氧化物歧化酶、过氧化物酶和过氧化氢酶活性（王启明等，2005）。

大豆耐旱性鉴定贯穿整个育种工作的始终，也是培育抗旱大豆品种的基础。我国在这方面的研究较多。有些学者认为大豆的抗旱性是数量性状遗传，用单一指标难以准确评定其抗旱性，必须多种指标综合分析。干旱胁迫下，不同品种大豆叶片萎蔫度、抗旱系数、抗旱指数和隶属函数等指标不同，可依此筛高抗旱型品种、中抗旱型大豆品种从而为选择抗旱品种的亲本材料奠定基础（谢皓等，2008）。研究人员选用 12 个大豆品种进行室内干旱胁迫和盆栽干旱胁迫试验，对品种间苗期的吸水率、萌发率、发芽率、根长等指标进行评定，筛选到苗期与成株期均抗旱的品种 L65-1914（吴伟等，2005）；另有研究人员在 30% 的 PEG6000 高渗溶液培养条件下，采用实验室鉴定的方法，研究了不同大豆品种的芽期抗旱性，发现种子吸水速度快、萌发时间短、吸水率小、相对发芽势和发芽率高的品种具有较强的抗旱性（陈学珍等，2005）。大豆花荚期叶片相对含水量、净光合速率、相对电导率与超氧化物歧化酶活性等生理指标可用于大豆品种的抗旱性评价（孔照胜等，2001）。主成分分析结合隶属函数求出隶属值的方法可用于评价不同生态类型的大豆品种的抗旱性（李贵全等，2006）。野生大豆较半野生大豆、栽培大豆的抗旱性好其原因是野生大豆中存在高度抗旱基因（史宏等，2003）。研究人员还利用相关、主成分、聚类和判别分析方法，分析并确立了相对株高、叶片黄化脱落节位、背面茸毛密度、相对百粒质量和抗旱系数 5 个对品种抗旱性分类有显著影响的指标，并按这些指标将供试大豆种质划分为高抗、抗、敏感、高度敏感 4 个类型；其中供试的野生、半野生大豆材料均划分在高抗旱类型中。这些为培育耐旱大豆新品种奠定了必要的理论基础（王敏等，2010）。

干旱胁迫一直以来都是限制农作物生产的主要非生物逆境之一，尤其近几年来，旱灾的发生愈来愈频繁，已经严重影响了粮食安全问题，因而作物耐旱性研究在国内外受到了高度重视。近 30 年来，有关大豆的耐旱研究主要集中在耐旱机理、耐旱鉴定及耐旱种质资源的收集等方面，为耐旱大豆育种工作奠定了一定的理论基础。但是在大豆干旱胁迫下耐旱基因的分离、克隆、表达以及转耐旱基因大豆植株等方面的研究甚少。如何通过生物工程手段快速有效的提高大豆的抗旱性是一个有待解决的问题。我们相信随着大豆基因组测序工作的开展，蛋白质组学以及功能基因组学等技术的不断完善，会使大豆耐旱基因的发掘及功能鉴定更加顺利（张永芳等，2011）。

二、大豆与盐胁迫

当今，因气候变化和人类活动的影响，土壤盐化问题越来越受到人们的普遍关注，我国是盐碱地大国之一，据统计，我国现有盐碱地面积达 $9.15 \times 10^7 hm^2$，占可耕地面积的 1/3 左右。预计到 2040 年我国 43% 以上的土壤将受到盐碱影响（王春雨等，2024），盐碱将成为限制我国农业可持续发展的重要因素之一。如何合理利用盐碱土壤，减少施肥灌溉导致的土壤盐碱化成为当今科学家亟待解决的重大课题。

大豆富含蛋白，不仅是世界四大作物之一，也是我国重要的经济、油料作物。大豆分为栽培大豆和野生大豆，栽培大豆属于中度耐盐作物，土壤的盐渍化严重影响了大豆的生长发育，如导致离子失衡、可溶性糖、脯氨酸等渗透调节物增高，SOD、过氧化氢酶、过氧化物酶等含量发生变化，降低大豆产量，影响大豆产量与品质，甚至会导致大豆凋亡（林峰等，2024）。

因此，研究大豆盐胁迫、筛选耐盐品种，对于提高大豆的耐盐性，开发利用盐碱地、增加大豆产量，保障粮食安全具有重要意义。

大豆盐胁迫类型包括氯化钠胁迫、硫酸钠胁迫、磷胁迫、镉胁迫、锰胁迫、硼胁迫、铜胁迫、铁胁迫、铅胁迫、镁胁迫等各种胁迫（王雪等，2013）。其中氯化钠胁迫、磷胁迫、铁胁迫、铅胁迫、镁胁迫是主要胁迫（王增进等，2005）。胁迫的主要原因是大豆植株对不同元素的吸收量是有选择性的，量也是不同的，这是由根毛区细胞膜上的载体蛋白的种类决定的，不同浓度的盐胁迫造成的危害性不同，对一些植株可能造成营养胁迫，对另一些植株可能造成毒害胁迫。如低浓度的盐胁迫能促进大豆的生长发育，这是因为低盐可使大豆种子的呼吸作用增强，蛋白酶和脂肪酶的活性升高，促进贮藏物质的转化，进而促进大豆的萌发和生长；过高浓度的盐胁迫则抑制大豆的生长发育，严重甚至导致大豆的死亡，这是因为土壤盐浓度升高，渗透势增加，阻碍种子吸水的速度，形成生理性干旱，限制了一些水解酶类代谢等，从而间接影响光合作用对大豆产生伤害，另外，盐胁迫使得钠离子和钾离子比例失调，造成离子毒害作用，作物失水萎蔫死亡（郝雪峰等，2013）。

盐胁迫对大豆形态指标有重要影响。如氯化钠胁迫下大豆幼苗的植株高度、侧根数、主根长度、叶色、叶厚度等有明显的变化，大豆根瘤数量和干重降低（罗庆云等，2003）；磷胁迫下，大豆植株矮小，早期叶色浓绿，叶厚且凹凸不平，无光泽，底部叶片脉间失绿，生长缓慢，根系不发达；出现花期、成熟期延迟，籽粒小，产量下降等特征（鲁剑巍，2012），大豆的根冠比、根长、根表面积和根体积均增加，初生根的延伸降低，侧根数量和根毛密度均有增加，根瘤干重下降，抑制了大豆根瘤的生长，从而抑制大豆结瘤固氮作用，使得大豆的固氮效率降低（朱向明等，2014）；铝胁迫下，株高降低，单株干重下降，根部的铝浓度比地上部分高，抑制大豆根系的生长（应小芳，2005）；镁胁迫使大豆根系的活力显著下降（王芳等，2004）；铜胁迫下，随着离子浓度升高大豆的发芽势降低，根系减少，植株的高度呈先上升后下降的趋势（杨昱等，2014）；锰胁迫下野生大豆种子的发芽率、发芽势降低，幼苗生长呈现出"低促高抑"现象，根受到的抑制高于芽，且明显抑制盛花期至收获期株高、盛花期和结荚期大豆茎粗、鼓粒期根长，而在其他时期无显著影响，明显抑制结荚期和鼓粒期大豆叶面积，而在苗期和盛花期无显著影响。除苗期外，锰胁迫明显抑制其他时期根瘤数目、根瘤鲜重、根瘤干重。锰胁迫明显抑制除苗期以外其他时期叶、茎、根、全株干物质积累量，以及鼓粒期和收获期荚果干物质积累量和籽粒产量。综合分析表明，锰胁迫对生育前期大豆生长相关指标影响不显著，却在中后期起明显抑制作用，并最终导致籽粒产量明显下降（赵云娜，2014；王萌等，2023）。

盐胁迫对大豆生理也有影响。盐胁迫会开启大豆活性氧（ROS）清除系统如超氧化物歧化酶（SOD）、过氧化物酶（POD）、过氧化氢酶（CAT）、多酚氧化酶（PPO）、抗坏血酸过氧化物酶（APX）等，提高脯氨酸以及相关蛋白质等有机物，保证膜结构的完整性，来维持正常的光合作用和代谢功能（Sofo 等，2015；陈晓晶等，2021；Hasanuzzaman 等，2017）。氯化钠胁迫下，大豆丙二醛（MDA）含量、叶绿素整体呈现递增趋势，细胞膜受到破坏较重，透性发生明显变化（于磊等，2019），大豆的 SOD 先增后减，POD 先稳定后增加（于磊等，2019）；磷胁迫下，大豆微量元素容易在根部积累，不利于营养元素的运输，叶绿素受到破坏，光合作用受到抑制，丙二醛含量增加（董秋平等，2017）；铝胁迫下，大豆通过增加 SOD、POD、APX、CAT 抗氧化酶活性，提高自由基清除活性，使 ROS 维持在一个较低的水平，可有效避免其伤害，从而增强植物抵御逆境的能力。但高浓度铝胁迫造成 ROS 防御系统失衡导致抗氧化酶活性显著下降，此时 ROS 防御系统受到削弱 ROS 迅速积累，氧化胁迫和脂质过氧化程度加剧，使多酚氧化酶被激活并从膜上释放出来，促进大豆体内酚类物质向更有毒性的醌类物质转化（张争艳，2008）；高锰胁迫下，大豆幼苗的根系、茎部以及叶片的 POD 活性均表现为先上升后下降的变化趋势，显著增加质膜透性（王廷璞等，2011），可溶性糖含量呈增加趋势，可溶性蛋白和脯氨酸含量则呈现先增加后下降的变化趋势，SOD 活性增加，POD 活性呈先增加后下降的变化趋势，丙二醛（MDA）则表现出先降低后升高的趋势（文珂等，2018）；镁胁迫下，大豆叶片的质膜透性和丙二醛含量显著增加（王芳等，2004）；铜胁迫下，大豆茎和叶中 SOD、CAT、POD 和脯氨酸（Pro）的变化趋势相同，其中 SOD 先上升后下降，CAT 和 Pro 先下降后上升，POD 则一直上升。而叶中 SOD、CAT、POD 和 Pro 含量大于茎（杨昱，2014）；缺铁胁迫下，大豆 SOD 酶活性先下降后上升，POD、CAT 酶活性先上升后下降，MDA 含量则是维持升高，脯氨酸含量先下降后上升。高铁胁迫下，SOD 含量先升后降（包悦琳等，2021）。综上，低铝、低硼、高铁、缺镁及氯化钠的胁迫下大豆质膜透性增大，引起质膜的渗漏，使细胞电解质、有机质等物质外渗，并产生毒害。POD、SOD、CAT 活性下降，硝酸还原酶活性下降，硝态氮积累，抑制蛋白质的合成及根系对氮的吸收，进而影响大豆的氮代谢（刘鹏等，2000）。

盐胁迫下大豆根系微生物群落结构也会变化，盐敏感品种根系微生物优势菌属组成无较大改变，耐盐品种根系中，根系促生菌假单胞菌属丰度所占比例明显上升，变形菌门为维持根系微生物多样性作出了最大贡献，在脂类以及氨基酸代谢途径等方面优于盐敏感大豆（陈昕宇等，2024）。

土壤盐渍化造成大豆生理、生态以及根部微生物等多方面发生变化，最终影响大豆产量。认识大豆盐胁迫对大豆育种及丰富大豆资源，提高作物耐盐性，促进作物的高产稳产等具有重要意义。随着科技的发展，分子育种逐渐提高了育种效率，将来利用基因工程手段提高耐盐性将是改良品种的有效途径，也将成为抗逆研究的努力方向。不仅对于加速我国国民经济的持续发展有重要意义，也为加强盐渍土的治理和开发利用奠定理论基础。

第七节　大豆与根瘤固氮

大豆属于豆科植物，可与根瘤菌共生固氮，固氮一直是生命科学中的重大基础研究课题之一，它在生产实际中发挥着重要作用，包括为作物提供氮素、提高产量、降低化肥用量和生产成本、减少水土污染和疾病、防治土地荒漠化、建立生态平衡和促进农业可持续发展。如何利用结瘤固氮机理提高豆科植物固氮效率，对于实现农业、环境和生态的可持续利用和发展具有重要意义。

大豆与根瘤菌共生具有多样性（图1-1）。例如，我国的大豆可与3个属、7个种的根瘤菌共生固氮（表1-1），而一种根瘤菌（如海南根瘤菌 *Rhizobium hanaese*）可从13属14种豆科植物的根瘤中分离。其他很多植物与根瘤菌的关系也是如此（表1-2）。这一研究说明豆科植物与根瘤菌共生具有多样性，修正并发展了传统的根瘤菌"寄主专一性"和植物"互接种族"的概念。为利用现代基因组学、功能基因组学和蛋白质组学手段，探索最佳的结瘤固氮模式、微生物与植物相互作用的机理提供了良好的研究材料。全世界豆科植物共有19 700种，分3个亚科：*Caesalpinioideae*、*Mimosoidea* 和 *Papiliomoideae*（Denarie，1996）。大部分可以被根瘤菌感染而结瘤，其中已知可以结瘤固氮的有2800多种。而对其共生固氮体系进行过研究的只占0.5%（沈士华，2003）。我国科学家逐步摸清了中国豆科植物的根瘤菌资源，进行了系统分类，发现了一些新属、新种（Tan，1999；Wang，1999；Yan，2000），并建立了我国最大的根瘤菌数据库。

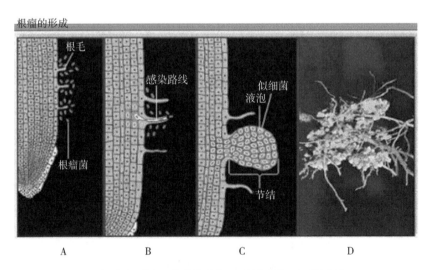

A：根际殖民化 B：侵染线形成 C：根瘤形成 D：成熟根瘤

图1-1 根瘤形成过程示意图

表 1-1　一种豆科植物与多种根瘤菌共生

宿主植物	根瘤菌种	地理区域
大豆	大豆慢生根瘤菌	中国（除新疆）
	埃尔坎慢生根瘤菌	华北
	辽宁慢生根瘤菌	辽宁
	弗雷德中华根瘤菌	华北、华中
	新疆中华根瘤菌	新疆
	苜蓿中华根瘤菌	新疆
	天山中华慢生根瘤菌	新疆
菜豆	豌豆根瘤菌	欧洲
	热带根瘤菌	墨西哥
	菜豆根瘤菌	美国、西班牙
	贾氏根瘤菌和高卢根瘤菌	法国
	慢生根瘤菌—新种	华中
胡枝子	圆明慢生根瘤菌	华北
	萨赫勒中华根瘤菌	华北
	大豆慢生根瘤菌	美国
	埃尔坎慢生根瘤菌	中国许多地区
紫穗槐	紫穗槐中慢生根瘤菌	华北、西北
	中慢生根瘤菌—新种	华中
甘草	天山中慢生根瘤菌	新疆
	中慢生根瘤菌—新种	黄土高原 Loess plateau of China

表 1-2　同一区域地理环境中多种豆科植物与同种根瘤菌共生

根瘤菌种	地理区域	宿主植物
大豆慢生根瘤菌	海南	山蚂蝗、猪屎豆等 8 属 18 种植物
海南根瘤菌	海南	蝴蝶豆、野百合等 9 属 12 种植物
菜豆根瘤菌	墨西哥	菜豆、含羞草 2 属 2 种
天山中慢生根瘤菌	新疆	苦豆子、锦鸡儿等 6 属 8 种植物
中慢生根瘤菌	宁夏	锦鸡儿、国槐等 7 属 12 种植物

国内外许多研究表明，不同基因型豆科植物固氮特性有明显差异

（Garner，1985）。如：Sharma 发现印度紫花苜蓿品种与澳大利亚苜蓿品种固氮效率差异较大，印度苜蓿品种比澳大利亚苜蓿品种固氮数量提高 14%（Sharma，1973）；而我国豆科植物约有 1 400 多种，且是大豆的起源地，对这些资源进行性状评价、筛选以应用于育种研究，是科学界研究的重要课题。科研人员依据大豆种植类型对我国 22 省区市主要大豆栽培品种的共生固氮特性进行了评价、筛选，结果表明，春夏秋三种不同大豆种植类型间、品种间固氮相关特性差异极显著。同一种植类型内不同来源地的大豆品种共生固氮性状差异显著，以长江流域及其以南产区，尤以湖北、江苏省品种最佳。夏大豆的高固氮品种数（64.3%）多于春大豆品种（31.7%）（江木兰，2003）。施磷不同大豆结瘤能力不同。高磷条件下更有利于结瘤，且高磷和低磷结瘤数目差异显著（农玉琴，2022）。以大豆品种粤春 03-3 为材料采用水培法，设置高低磷接种或不接种根瘤菌 3 种处理，结果表明结瘤可以明显增加大豆根系苹果酸的分泌和合成，能够显著提高植株地上部干重和氮浓度（李姣姣，2015）。大豆固氮酶活性是反应大豆固氮能力的重要生理指标之一。对不同熟期大豆固氮酶活性进行研究，研究人员发现固氮酶活性从高到低的变化范围为，中熟组>中早熟组>早熟组，无限结荚习性>亚有限结荚习性（窦新田等，1992）。根瘤重、结瘤数目等是表征大豆固氮能力的形态指标。研究人员对不同大豆品种结瘤固氮有效性评价指标进行研究，结果表明除结瘤分级和植株干重外，其他指标如植株瘤重、植株瘤数、有效结瘤指数、植株含氮量、籽粒产量在品种间均达极显著差异水平（李新民等，1993）。

为了更好地研究根瘤固氮，与豆科植物共生的根瘤菌株的鉴定研究也较多。根瘤菌是一类栖生于土壤中的革兰氏阴性细菌，已知根瘤菌有 5 个属 17 个种，其中包括从根瘤菌的起源地之一的中国发现的 2 个新属（Schneider 等，2002）。大豆可以与属于慢生根瘤菌属、中华根瘤菌属（快生根瘤菌）和中慢生根瘤菌属的 7 个种细菌结瘤固氮。国内外研究结果表明，不同种根瘤菌间结瘤固氮存在差异，以快生型根瘤菌对大豆品种的选择性较强。因此，提高豆科作物产量，筛选高效共生根瘤菌是非常重要的。以快、慢生型大豆根瘤菌为材料接种不同大豆品种，发现快生型大豆根瘤菌 QB113 与沈农 25104、哈 7799、黑农 26 和合丰 25 有很强的亲和性，慢生型大豆根瘤菌 BI6-11C 与铁丰 18、长农 6、哈 7799，黑农 26、合丰 25 等品种有很强的亲和性，慢生型大豆根瘤菌 61A76（美国）与开育 8 等大豆品种有较强的亲和性（薛德林等，1988）。对 10 份大豆材料分别与 10 株根瘤菌株进行接瘤匹配实验，从中筛选出 2178、2187 等优良菌株，接种后，大豆植株干重、全氮、全磷较 61A76 提高 27%、

83.2%、39.2%。结荚数和百粒重均提高 10% 以上（樊蕙等，1992）。对来自同一单株的不同类型大豆慢生根瘤菌菌株进行评价，结果表明，供试 12 个菌株与回接的 6 个大豆品种都形成有效共生，但是不同菌株品种组合存在极显著差异，表现共生亲和的多样性，菌株结瘤竞争力越强，其共生效率越高（卜常松等，1997）。研究人员采用盆栽结瘤实验法对我国 6 省市采集的 18 份土样中分离的 160 株大豆根瘤菌进行结瘤与共生固氮效率的比较测定，从中筛选出固氮效率较高的菌株 ZX20 和 SMH12（徐传瑞等，2004）。不同菌株对大豆的竞争力，如用 6 个快生型大豆根瘤菌血清型菌株与 19 个栽培大豆的结瘤试验表明：快生型根瘤菌株 2048 和 USDA 191 有效结瘤率与大豆慢生根瘤菌 US-DA110 和 113-2 一样，达 100%。其他快生型根瘤菌株（$Rfredii$）有效结瘤率为 69%~89%，因此快慢型之间的结瘤竞争力受品种影响很大（樊蕙，1991）。

大豆的结瘤机制如何呢？苜蓿以及百脉根突变体是目前研究信号通路的模式植物，这些突变体通常不能形成根瘤。突变的基因统一称为 SYM 基因。SYM 基因在 Nod 因子参与结瘤的信号转导过程中起到很重要的作用。目前研究证明，结瘤信号通路转导途径涉及 3 个植物信号元件，分别是受体激酶 DMI2、离子通道 DMI1、依赖钙离子蛋白的激酶 DMI3（Boglarka，2010），有 2 个结瘤特异性的 Nod 因子受体激酶（$NFRI$ 和 $NFR5$）存在于通用信号元件的上游。因为 $NFRI$ 或 $NFR5$ 的突变只影响早期 Nod 因子的信号反应，直接或间接参与细菌信号识别分子的受体激酶是 $SYMRK/NORK$（即 DMI2），然后通过胞内激酶区域传递信号。紧接着通过磷酸化作用激活离子通道 DMI1，DMI1 编码一种新蛋白，与配体门控阳离子通道相似性较低，这种蛋白在被子植物和早期陆生植物中是高度保守的，是一种古老的植物特异性基因，对于 Ca^{2+} 尖峰的形成是必需的。之后，对胞质 Ca^{2+} 浓度变化产生响应的是 DMI3 元件（张永芳，2008），Levy 等在 Science 上提出 DMI3 基因与钙调蛋白激酶（$CCaMKS$）基因高度相似，在信号通路中能迅速下调 Ca^{2+} 尖峰，表明 Ca^{2+} 尖峰很可能是这个信号级联反应的必需组件（Levy 等，2004）。Wais 论述了植物体质体蛋白对于共生细菌进入植物根系的重要性，研究蒺藜苜蓿中存在两种同源的质体蛋白基因：$CASTOR$ 和 $POLLUX$，被认为是共生体形成所必需的共同的信号传导组件（Wais 等，2000）。分析认为这两种蛋白质能调节质体和胞液之间的离子流量，而这对于 Ca^{2+} 尖峰形成是必需的。这项成果表明：除了上述根瘤共生体信号通路元件，还存在其他与共生体相关的信号元件，至于 $DMII$、DMI2、DMI3 和 $CASTOR$、$COLLUX$ 的关系，是否是两条截然不同的信号通路以及所处的信号通路位置等问题有待于进一步探讨。

　　豆科植物本身含有结瘤基因，并且结瘤是由单基因调控的。目前，在大豆中已鉴定出 4 个基因与大豆结瘤有关。其中隐性基因 $rj1$ 控制大豆不结瘤，显性基因 $Rj2$ 控制大豆与根瘤菌 USDA7、USDA14 和 USDA112 无效结瘤（Caldwell，1966）。显性基因 $Rj4$ 控制大豆与根瘤菌 USDA33 无效结瘤（Vest，1972）。无效结瘤 $Rj2$ 基因广泛存在中国东北大豆中，无效结瘤率为 64%，同时导致大豆植株干鲜重及根瘤固氮酶活性下降，以及产生缺绿病。窦新田研究 $Rj2$ 和 $Rj4$ 基因在世界各国大豆品种资源中所占的比率时证明，$Rj2$ 基因在中国栽培大豆的无效结瘤比率最高，在江苏、浙江、上海等地区可高达 28%。同时指出，在世界各国大豆品种资源中，野生大豆携带的 $Rj2$ 和 $Rj4$ 基因均高于栽培大豆。因此在目前大豆杂交育种中将野生大豆作为抗病虫的基因源时，应注意避免将 $Rj2$ 和 $Rj4$ 无效结瘤的基因转移到杂交种中。鉴定大豆品种携带的无效结瘤基因，选育结瘤多、固氮强的大豆品种具有重要的意义（窦新田，1992）。

　　根瘤发育中大豆特异表达的植物基因被称为结瘤素（nodulin）基因。通过对 cDNA 基因库的差别筛选，人们已经从多种植物中分离鉴定出了许多结瘤素基因。在根瘤固氮开始之前，表达的植物基因被叫作早期结瘤素基因（ENOD），如早期结瘤素基因 ENOD2（Franssen，1987；Wiel，1990）、ENOD5（Kaneko，2002）、ENOD12（Barker，1992；Bauer，1994）、ENOD40（Charon，1997）等。ENOD5、ENOD12 可能是侵染线壁或膜的组成部分，ENOD40 参与调节细胞生长素和细胞激动素的平衡，诱使根瘤形成（万曦，2001）。相反在固氮开始时和之后，表达的植物基因则称为晚期结瘤素基因（NOD）。如与豆血红蛋白（Lb）、尿酸酶、谷氨酰胺合成酶（GS）等与合成有关的基因。目前研究最多的是豆血红蛋白（Lb），为固氮过程中固氮酶兼氧所需。现已鉴定出了 4 个豆血红蛋白基因和 2 个豆血红蛋白基因的 3 个内含子。豆血红蛋白基因及别的晚期结瘤素基因，都只特异地在根瘤中转录，并且多数晚期结瘤素似乎与豆血红蛋白是协同表达的（黄志宏，2002）。除以上两类基因外，共生血红蛋白也与结瘤固氮有关。共生血红蛋白是血红蛋白的一种，在促进氧扩散的同时又能保持类菌体周围的低氧环境，从而保护对氧敏感的固氮酶活性；缺少豆血红蛋白的豆科植物根瘤没有固氮活性（江木兰，2003）。

　　分子标记为大豆结瘤基因定位提供了便利，一些专家学者利用相关方法在豆科植物结瘤固氮性状位点（Quantitative trait locus，QTL）定位上已取得一定研究进展。如研究人员利用 RFLP 以及 RAPD 标记检测到 4 个影响菜豆结瘤数目的 QTL，将其定位于 D_7 连锁群，可解释表型变异的 50%～70%（Nodari 等，1993），利用 RFLP 标记对豌豆 p2 与 j1281 杂交 F_2 代结瘤位点 SYM9 和 SYM10 进行定位且将 SYM9 位点定位于第Ⅳ染色体，与标记 A5/16（A5/14）遗传距离为 1.4cM（Schneider 等，2002），SYM10 位于 chs2，在染色体上的距离为 6cM（Ane，2002）；研究人员还利用 AFLP 与 BSA 方法将蒺藜苜蓿（*Medicago truncatula*）早期结瘤信号转导因子 *DMI*1、*DMI*2 和 *DMI*3 分别定位于连锁群 2 和连锁群 5 以及连锁群 8（Ané 等，2002），并通过荧光原位杂交表明三者在细胞上距离比例为 $0.8/\mu m$、$1.6/\mu m$。大豆结瘤基因（*Rj*1，*Rj*2）被定位到 D1b、J 连锁群上（Kilen，1987）；研究人员还利用 RFLP 方法表明控制大豆结瘤、超结瘤位点与分子标记 pA-132 紧密连锁，并将耐硝酸盐基因（*nts*）定位到 E 连锁群（Landau，1991），利用大豆 Embrapa 20（medium）×BRS 133（low）组合 $F_{2:3}$160 个个体用菌株 USDA110 结菌，鉴定出控制结瘤数目和茎干重的 QTL，贡献率分别为 7.1 和 10%（Nicolás，2006）。

综上，大豆与根瘤菌的共生是有选择性的，在实际生产中可以优先选择根瘤固氮能力强的品种提高大豆固氮能力，或者通过杂交、转基因、分子标记辅助育种等方式提高品种固氮能力，这就需要不断地挖掘结瘤固氮基因以便用于农业生产（张永芳，2008）。

第二章　大豆农艺及品质性状研究

第一节　不同大豆品种萌芽过程
营养成分变化规律比较

　　大豆起源于中国，世界上各国种植的大豆几乎都直接或间接来自中国（Hymowitz 等，1981），从商周时代到秦汉时代，大豆始终都是中国人民的重要粮食之一。大豆营养价值丰富，其富含蛋白质、脂肪、不饱和脂肪酸、矿物质、糖类和维生素等多种营养物质（李倩倩，2017）。豆制品至今已经有2000多年的历史（王慧，2014），其中萌芽大豆是我国食品四大发明之一。当前，萌芽被认为是一种廉价、简单、低碳的加工方式，更是一种有效改善其营养成分和加工品质的方法（马先红等，2015；Sathe 等，1992）。大豆在萌发过程中，大豆的许多特性得到改善，包括营养成分和功能活性成分含量升高、抗多种疾病的 γ-氨基丁酸增加、抗营养物质含量降低并且口感更加鲜嫩。同时，萌发能够产生一系列生理、生化改变，以此提高大豆的营养价值（Sathe 等，1992）。所以，利用大豆萌芽生产的豆芽是豆类食品消费的主要途径之一，深受消费者喜欢（张继浪等，1994）。

　　目前，有关大豆萌发过程中营养物质变化研究相对较多，研究普遍认为大豆萌芽过程中，蛋白质，脂肪，糖类等均被分解为维生素、氨基酸、脂肪酸、还原糖等小分子物质，从而参与到物质和能量转化的代谢中（张永芳等，2022）。黑豆种子萌芽过程中维生素C的含量显著提高（王薇等，2011）。研究人员以单一大豆品种为材料，研究其萌发过程中功能性营养成分变化规律，认为大豆在萌发期营养价值要高于未萌发状态（王莘等，2003）。科研人员以3个大豆品种为材料，对其萌发过程中营养物质变化规律进行研究，表明蛋白质含量先降低后上升，还原糖、维生素C含量逐渐增加（汪洪涛等，2015）。萌芽大豆粉制作的蛋糕组织结构均匀细腻，色泽和风味都达到了最佳（阮有志等，2019），还有助于豆腐品质、活性因子阿及宁及营养成分含量增加（王燕翔，2013；Kim 等 2003）。大豆萌发过程中顺-9-十八（碳）烯酸、十八碳二烯酸、十八碳-9,12,15-三烯酸等含双键的脂肪酸浓度下降，但下降的趋势不明显（Dhakal 等，2014）。萌发的大豆多种维生素含量均有所增加（Fordham 等，2006）。随着萌芽的时间的推迟，大豆中胰酶抑制剂活性明显下降（Sugawara 等，2007）。

综上所述，前人研究较多是有关一种或几种萌芽大豆营养物质的变化规律，针对不同大豆品种多个营养物质在萌芽过程中的变化规律差异研究较少。本研究选取了 10 个大豆品种，测定了蛋白质、还原糖和粗纤维在大豆萌发过程中的含量变化规律，以期为萌芽大豆食品制作和生产提供实验依据，以改善人们的饮食健康。

一、材料与方法

（一）材料

1. 种子

本节研究所采用的 10 个大豆品种均由中国农业科学院作物科学研究所提供，分别为绿 75（中国台湾）、浙鲜豆 3 号（浙江省）、黑农 69（黑龙江省）、翠扇大豆（山东省）、CM60（日本）、冀 NF58（河北省）、Williams82（美国）、晋豆 21（山西省）、中品 661（北京市）、JACK（美国）。

2. 试剂

考马斯亮蓝 G-250、95% 乙醇、85% 磷酸（W/V）、牛血清蛋白、酒石酸钾钠、苯酚、亚硫酸钠、3，5-硝基水杨酸、80% 乙醇、12.5g/L 氢氧化钠、稀硫酸溶液、标准蛋白质溶液、1mg/mL 标准葡萄糖溶液。

3. 仪器

循环水式多用真空泵（郑州予达仪器科技有限公司，SHZ-D（III））；可见分光光度计（上海博讯实业有限公司，SP-723）；万分之一电子天平（上海舜宇恒平有限公司，FA1004）；离心机（上海化工机械厂有限公司，H7150）；光照培养箱（常州国华电器有限公司，250D）；数显恒温水浴锅（金坛市国旺实验仪器厂，DZKW-D-1）。

（二）方法

1. 大豆萌发处理

挑选颗粒饱满，色泽光鲜，无破损的大豆，将其分类放入培养皿中。用蒸馏水清洗 3 次，然后，把大豆放在 25℃ 的热水中泡 24h。换水后，在大豆表面盖上一层纱布，放在 25℃ 下的培养箱中，并开始记录时间。把萌芽到 1d、2d、3d、4d、5d、6d、7d 的豆芽清洗干净，放置在培养皿中备用。

2. 大豆萌发过程中蛋白质的提取及测定

大豆萌芽过程中蛋白质含量采用考马斯亮蓝法，按李娟等人的方法进行测定（李娟等，2000）。称取长势一致的萌芽大豆 0.2g 加入 4mL 蒸馏水，磨碎成匀浆，倒入离心管中，4 000r/min 离心 10min，取上清，再 4 000r/min 离心 10min，取上清液于 10mL 容量瓶并定容。取 0.1mL 大豆组织样液加入 0.9mL 水、5mL 考马斯亮蓝 G-250 振荡混匀，静置 2min，于可见分光光度计 595nm 处测定吸光度，测定均进行了 3 次重复，最后计算其平均值。

3. 大豆萌发过程中还原糖的提取及测定

还原糖含量采用 3,5-二硝基水杨酸比色法，按照高文军等人的方法进行测定（高文军等，2020）。准确称取长势一致的萌芽大豆 0.05g，加入乙醇 4mL，在研钵中磨碎成匀浆，倒入离心管中 8 000r/min 离心 5min，取上清液于 25mL 容量瓶中，剩余残渣再于离心机 8 000r/min 离心 5min、将两次上清液合并，加入 0.5g 活性炭，定容，80℃ 下褪色 30min，过滤取滤液，备用。取滤液 3mL 于可见分光光度计 540nm 处测吸光度，测定均进行了 3 次重复，最后计算其平均值。

4. 大豆萌发过程中粗纤维含量的测定

粗纤维含量采用酸洗涤法，按照苗颖等人的方法进行测定（苗颖等，2005）。选择长势一致的萌芽大豆 0.1g 加入 20mL 1.25% 的稀硫酸煮沸 30min，用带有质量为 m_1 的滤纸过滤萌芽大豆样液，用 1.25% 的 NaOH 溶液将滤纸上的沉淀完全洗入瓶中，再次煮沸 30min 后过滤，烘干滤纸，称滤纸的重量 m_2，得粗纤维的质量为 m_2-m_1，测定均进行 3 次重复，最后计算其平均值。

5. 数据分析与统计

采用 Excel 2010 软件进行数据计算并作图，应用 SPSS 25.0 软件对数据进行单因素方差分析和相关性分析。

二、结果与分析

（一）大豆萌发过程中蛋白质含量变化

大豆未萌发时不同品种蛋白质含量不同，其中翠扇大豆蛋白质含量最高，为 46.94%。其次依次是绿 75、晋豆 21、冀 NF58、CM60、中品 661、浙鲜豆 3 号、Williams82、JACK，黑农 69 蛋白质含量最低，为 35.9%。10 个大豆品种萌芽过程中蛋白质含量如表 2-1 所示，浙鲜豆 3 号、黑农 69、翠扇大豆、

表2-1　不同品种大豆萌芽过程中营养成分含量

营养成分	大豆品种	萌芽时间							
		0d	1d	2d	3d	4d	5d	6d	7d
蛋白质含量（%）	浙鲜豆3号	38.91±0.021d	36.92±0.020h	37.21±0.017g	37.86±0.026f	38.76±0.020e	39.61±0.026c	39.96±0.020b	40.21±0.026a
	黑农69	35.89±0.010e	33.99±0.026h	34.22±0.026g	34.76±0.044f	35.96±0.020d	36.81±0.026c	37.01±0.010b	37.34±0.026a
	翠姑大豆	46.94±0.026b	43.32±0.046h	43.65±0.020g	43.90±0.026f	45.13±0.044e	46.42±0.026d	46.81±0.062c	47.33±0.026a
	CM60	43.77±0.036d	41.84±0.030h	42.01±0.026g	42.54±0.026f	43.34±0.053e	44.21±0.044c	44.5±0.036b	44.81±0.053a
	冀NF58	44.11±0.026d	42.32±0.026h	42.51±0.036g	42.88±0.017f	43.89±0.030e	44.76±0.036c	44.88±0.017b	45.01±0.036a
	Williams82	38.8±0.036d	36.90±0.036h	37.14±0.036g	37.56±0.036f	38.44±0.026e	39.20±0.036c	39.45±0.026b	39.68±0.010a
	晋豆21	44.20±0.026d	42.36±0.036h	42.67±0.044g	42.93±0.031f	43.85±0.036e	44.78±0.044c	44.89±0.026b	45.09±0.026a
	中品661	42.75±0.036d	40.69±0.026h	40.88±0.044g	41.15±0.044f	42.01±0.036e	43.12±0.026c	43.38±0.010b	43.58±0.036a
	绿75	44.38±0.026d	42.42±0.026h	42.57±0.026g	42.74±0.036f	43.65±0.026e	44.58±0.044c	44.73±0.026b	44.91±0.026a
	JACK	37.32±0.036d	35.26±0.026h	35.78±0.026g	36.01±0.010f	37.00±0.036e	38.11±0.040c	38.38±0.044b	38.61±0.026a
还原糖含量（%）	浙鲜豆3号	7.66±0.036h	7.83±0.021g	7.99±0.084f	8.67±0.026e	9.58±0.036d	9.66±0.044c	9.86±0.026b	10.00±0.026a
	黑农69	6.38±0.026h	6.59±0.036g	6.73±0.036f	7.66±0.026e	8.49±0.010d	8.86±0.036c	8.99±0.040b	9.13±0.026a
	翠姑大豆	4.83±0.026h	4.96±0.026g	5.12±0.020f	6.01±0.026e	6.86±0.044d	6.98±0.026c	7.13±0.026b	7.28±0.026a
	CM60	2.96±0.044h	3.12±0.026g	3.46±0.044f	4.32±0.020e	5.28±0.026d	5.36±0.046c	5.54±0.036b	5.67±0.035a
	冀NF58	2.57±0.060h	2.86±0.026g	2.98±0.023f	3.86±0.026e	4.63±0.030d	4.87±0.043c	4.99±0.026b	5.19±0.045a
	Williams82	6.43±0.026h	6.61±0.017g	6.87±0.026f	7.64±0.036e	8.59±0.053d	8.76±0.026c	8.94±0.026b	9.17±0.061a
	晋豆21	4.28±0.026h	4.46±0.053g	4.65±0.044f	5.34±0.026e	6.28±0.035d	6.43±0.026c	6.84±0.010b	6.98±0.061a
	中品661	4.34±0.036h	4.56±0.087g	4.78±0.044f	5.67±0.026e	6.54±0.026d	6.71±0.026c	6.89±0.078b	6.98±0.026a
	绿75	9.65±0.026h	9.81±0.026g	10.63±0.070f	11.52±0.010e	11.74±0.017d	11.91±0.036c	12.01±0.061b	12.24±0.046a
	JACK	6.83±0.045h	6.98±0.010g	7.24±0.036f	8.17±0.026e	9.06±0.020d	9.21±0.036c	9.38±0.026b	9.51±0.010a

（续表）

营养成分	大豆品种	萌芽时间							
		0d	1d	2d	3d	4d	5d	6d	7d
粗纤维含量（%）	浙鲜豆3号	6.96±0.010h	7.11±0.017g	7.38±0.036f	7.69±0.036e	8.54±0.020d	8.71±0.026c	8.88±0.035b	8.96±0.032a
	黑农69	5.86±0.026h	5.94±0.036g	6.13±0.026f	6.38±0.017e	7.29±0.056d	7.57±0.044c	7.72±0.053b	7.89±0.056a
	翠扇大豆	7.86±0.017h	7.92±0.026g	8.11±0.026f	8.34±0.036e	9.21±0.036d	9.45±0.026c	9.76±0.044b	9.92±0.044a
	CM60	5.61±0.010h	5.84±0.026g	5.99±0.026f	6.14±0.44e	7.01±0.017d	7.24±0.036b	7.14±0.036c	7.68±0.055a
	冀NF58	7.57±0.026h	7.68±0.056g	7.79±0.032f	7.94±0.036e	8.82±0.017d	8.96±0.010c	9.11±0.046b	9.28±0.036a
	Williams82	4.96±0.052h	5.13±0.010g	5.32±0.020f	5.67±0.026e	6.74±0.010d	6.91±0.030c	7.09±0.044b	7.21±0.026a
	晋豆21	5.75±0.036h	5.87±0.036g	5.98±0.036f	6.09±0.072e	7.02±0.020d	7.21±0.026c	7.56±0.044c	7.76±0.044a
	中品661	8.75±0.044h	8.89±0.046g	9.01±0.046f	9.16±0.036e	10.06±0.044d	10.21±0.026c	10.35±0.036b	10.57±0.046a
	绿75	9.41±0.053h	9.56±0.036g	9.67±0.044f	9.79±0.046e	10.67±0.044d	10.78±0.026c	10.89±0.036b	11.06±0.044a
	JACK	6.94±0.036h	7.09±0.036g	7.24±0.036f	7.45±0.026e	8.36±0.010d	8.49±0.036c	8.57±0.026b	8.66±0.053a

注：同列不同字母表示差异显著（$P<0.05$）。

CM60、冀 NF58、Williams82、晋豆 21、中品 661、绿 75、JACK 在萌芽 1 d 后蛋白质含量分别下降了 5.10%、5.30%、7.70%、4.40%、4.00%、4.90%、4.20%、4.80%、4.40%、5.40%。到第 7d 完全萌芽的大豆和未萌芽大豆相比，浙鲜豆 3 号、黑农 69、翠扇大豆、CM60、冀 NF58、Williams82、晋豆 21、中品 661、绿 75、JACK 蛋白质含量分别增加了 3.30%、4.00%、0.80%、2.40%、2.10%、2.30%、2.00%、2.00%、1.20%、3.50%。

萌芽大豆的蛋白质含量变化规律如图 2-1 所示。10 个品种的大豆在 7 d 的萌芽过程中蛋白质含量的变化规律基本相似，且在 7 d 的萌芽过程中，与未萌芽大豆的蛋白质含量相比，差异均达到了显著水平（$P<0.05$）。其中，10 个品种的大豆蛋白质含量在萌芽第 1 d 就有所下降。一方面，种子萌发过程中可溶性氮的流失导致总蛋白含量下降。另一方面，可能是由于萌芽初期消耗掉了一些营养物质。之后，随着萌芽时刻的推迟，大豆中的脂肪等营养物质被消耗并转化为蛋白质，最终提高了萌芽大豆中的蛋白质含量。

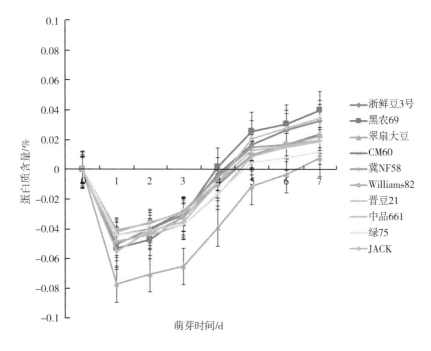

图 2-1 10 个大豆品种萌芽过程中蛋白质含量变化规律

（二）大豆萌发过程中粗纤维含量变化

大豆未萌发时不同品种粗纤维含量不同（表2-1），其中绿75粗纤维含量最高，为9.41%。其次依次是中品661、翠扇大豆、冀NF58、浙鲜豆3号、JACK、黑农69、晋豆21、CM60，Williams82粗纤维含量较低，为4.96%。萌芽7 d的大豆与未萌芽的大豆相比，浙鲜豆3号、黑农69、翠扇大豆、CM60、冀NF58、Williams82、晋豆21、中品661、绿75、JACK的粗纤维含量分别增加了 28.70%、34.60%、26.20%、36.90%、22.60%、45.40%、35.00%、20.80%、17.50%、24.80%。

如图2-2所示，10个品种的大豆在7d的萌芽过程中粗纤维含量的变化规律基本相同，10个大豆品种在萌芽过程中粗纤维含量均随着萌芽时间的延长而逐渐增加，且在7d的萌芽过程中，与未萌芽大豆粗纤维含量相比，差异均达到了显著水平（$P<0.05$）。这是由于种子萌发时，纤维素酶被活化，更加有利于种子的生长，而纤维素酶活化使得粗纤维的含量增加。

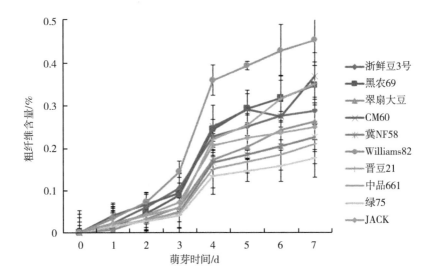

图2-2 10个大豆品种萌芽过程中粗纤维含量变化规律

（三）大豆萌发过程中还原糖含量变化

大豆未萌发时不同品种还原糖含量不同（表2-1），其中绿75还原糖含量最高，为9.65%。其次依次是浙鲜豆3号、JACK、Williams82、黑农69、翠扇大豆、中品661、晋豆21、CM60，冀NF58还原糖最低，为2.57%。

　　萌芽大豆还原糖含量的变化规律见图 2-3。10 个品种的大豆在 7 d 的萌芽过程中还原糖含量的变化规律大体一致，且在 7 d 的萌芽过程中，与未萌芽大豆还原糖含量相比，差异均达到了显著水平（$P<0.05$）。在萌芽过程中，10个大豆品种的还原糖含量随着萌芽时间的延长而稳步上升。一方面，酶的活化是种子萌发过程中最明显的现象。因此，淀粉酶在大豆种子萌发过程中被激活，豆类淀粉发生降解，引起淀粉含量下降，淀粉被淀粉酶水解为葡萄糖，为萌芽提供能量，最终导致还原糖含量增加。另一方面可能是萌芽过程中由其他营养成分转化而来。

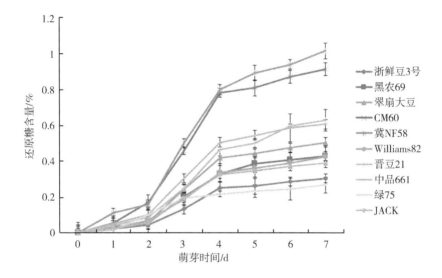

图 2-3　10 个大豆品种萌芽过程中还原糖含量变化规律

（四）各营养成分的相关性分析

　　对 10 个大豆品种蛋白质，还原糖和粗纤维做相关性分析，结果见表 2-2，蛋白质和还原糖呈显著性负相关（$P=-0.020<0.05$）。蛋白质和粗纤维含量呈极显著正相关（$P=0.000<0.01$），还原糖与粗纤维含量呈极显著正相关（$P=0.000<0.01$），相关系数为 0.444。

表 2-2　不同大豆品种营养成分的相关性分析

营养成分	蛋白质	还原糖	粗纤维
蛋白质	1		

（续表）

营养成分	蛋白质	还原糖	粗纤维
还原糖	−0.025 *	1	
粗纤维	0.46 **	0.444 **	1

注：** 在 0.01 水平（双尾），极显著高于正相关，* 在 0.05 水平（双尾），显著高于正相关。

三、结果与讨论

在适宜的温度和光照条件下，将 10 个品种进行浸泡并萌发 7d，每天称量部分萌发大豆，测量萌发大豆的营养成分——蛋白质、粗纤维及还原糖的含量。结果显示，10 个品种的大豆在 7 d 的萌芽过程中发生了一系列生理、生化改变，且营养成分的变化规律基本一致。随着萌芽时间的延长，其蛋白质含量呈现先下降后上升的趋势，这与汪洪涛等人的研究成果一致（汪洪涛等，2015）。10 个大豆品种在萌芽过程中粗纤维含量呈现逐渐上升的趋势，这与张丽丽的研究结果一致（张丽丽，2015）。10 个大豆品种萌芽过程还原糖含量变化呈现平稳上升的规律，这与汪洪涛等人的研究结果一致（汪洪涛等，2015），而与朱新荣等人的研究结果不一致（朱新荣等，2008），可能是由于大豆品种不同或实验环境不同所导致的。10 个大豆品种在萌芽过程中蛋白质、粗纤维、还原糖含量变化规律大致相同，但是不同品种大豆所含营养成分不同。

对不同品种营养成分蛋白质、还原糖、粗纤维进行相关性分析，结果显示，蛋白质和还原糖呈显著负相关，蛋白质和粗纤维含量呈极显著正相关，还原糖与粗纤维含量呈极显著正相关。这说明大豆萌芽期代谢旺盛，各种酶原被激活，不同物质之间相互转换，促进大豆萌芽，为其提供能量。不同萌芽时期大豆的营养成分既相互独立又具有一定的相关性。

综上所述，在实际的生产过程中应该在考虑价格的基础上选择蛋白质含量较高的翠扇大豆、粗纤维和还原糖含量较高的绿 75。如翠扇大豆市售单价 3.75 元/斤（1 斤＝500g）左右，绿 75 市售单价 4.75 元/斤，冀豆单价 3.40 元/斤左右，在条件允许时，可以根据需求适当进行选择。目前市售萌芽大豆大多为 5d，本研究表明萌芽第 7d 与未萌芽大豆相比，蛋白质、还原糖、粗纤维含量最高且差异显著，此时加工利用营养价值较 5d 更丰富。这与吕乐福等研究结果认为的发芽后期即第 5d、6d 蛋白质合成量达到较高值稍有出入，可能与不同大豆品种品质不同有关（吕乐福等，2017）。本研究结果为以后豆芽的食品深加工和生产奠定了基础，也为萌芽大豆营养评价提供了依据。萌芽大豆的研究与开发，对于缓解在新冠疫情期间我国农业生产所面临的压力、提高我国大豆产品进一步加工的科技水平、改善我国人民食物的营养组分、丰富我国消费者的膳食生活有重要意义（张永芳等，2022）。

第二节　不同大豆品种种子营养成分分析及评价

大豆（*Glycine max* L. Merr），古称菽，别名黄豆，在世界各国均有栽培且种质资源丰富。因其营养价值丰富，如富含蛋白质、碳水化合物、脂肪等，有"豆中之王""田中之肉""绿奶"之称，在世界粮食消费中占有重要地位（程莉君等，2007）。不同大豆种质资源其营养成分不同，充分利用各个品种的优势，不仅有助于发展大豆产业，对于响应国家供给侧结构性改革，满足人民需求具有重要意义。

目前对于不同大豆品种营养成分比较研究较多。不同来源的大豆品种，其异黄酮含量和抗氧化能力不同，营养成分不同（王富豪等，2021；曾仕晓，2018；杨孟迪等，2020；张永芳等，2018）。野生大豆硬脂酸、（亚）油酸、亚麻酸含量高于栽培大豆，而栽培大豆的总氨基酸含量高于野生大豆（郑世英等，2015）。研究人员研究了主栽大豆的营养品质和加工特性，发现主栽大豆具有高蛋白、高脂肪、低碳水化合物的营养特征，并且有比较广泛的加工特性（聂莹等，2020）。基质也会影响大豆蛋白含量（张永芳等，2024），也有研究表明不同国家大豆的脂肪含量的差异引起豆粉的营养价值存在差异（赵鑫，2015）。可利用高效液相色谱法筛选大豆低聚糖优异种质（李岩哲等，2023），高蔗糖低水苏糖大豆品种更适宜用作加工豆腐（Redondo等，2006），低蔗糖高水苏糖大豆品种更适合用作低聚糖加工（王璇琳等，2008；Chen等，2010）。

大豆种质资源丰富，筛选并评价不同品种优势具有重要意义。本节研究以14个地理来源不同的大豆品种为研究对象，测定并分析其蛋白质、糖类、脂肪、低聚糖等营养成分，以期为大豆产业发展奠定理论基础。

一、材料与方法

（一）材料

1. 大豆种子

供试 14 个大豆品种，2019 年于北京顺义基地种植，行长 3m，行距

0.45m，株距 0.1m，周围种植 3 行保护行，试验田管理参照大田管理。14 个品种分别为中品 661（北京）、中黄 35（北京）、十胜长叶（日本）、晋豆 21（高度抗旱耐瘠薄的新品种，在晋西黄土丘陵区春播）、争光 1 号（吉林）、中龙 608（黑龙江省农业科学院大豆研究所）、绿 75（台湾）、翠扇大豆（山东）、克 99-95（黄）（黑龙江省齐齐哈尔市克山县）、黑农 69（黑龙江农业科学院大豆研究所）、冀 NF58（河北）、绥农 14（黑龙江省绥化市）、早熟 1 号（山东）、沪宁 95-1（上海）。品种常见性状的比较见表 2-3。由表 2-3 可知种子来源丰富，且具有代表性。

表 2-3　不同品种种子性状比较

品种	统一编号	产地	粒色	粒形	脐色	百粒重（g）
中品 661	ZDD23893	北京	黄色	椭圆	黑色	17.14
中黄 35	ZDD24636	北京	黄色	椭圆	黄色	18.13
十胜长叶	WDD01252	日本	黄色	椭圆	黄色	18.68
晋豆 21	ZDD24636	山西	黄色	椭圆	淡褐色	14.90
争光 1 号	ZDD07244	吉林	黄色	椭圆	黄色	15.07
中龙 608	—	黑龙江	黄色	圆形	黄色	22.89
绿 75	ZDD24145	台湾	绿色	圆形	白色	41.23
翠扇大豆	—	山东	黄色	椭圆	褐色	23.32
克 99-95（黄）	—	克山	淡黄	椭圆	淡黄色	19.20
黑农 69	—	黑龙江	黄色	圆形	黄色	19.80
冀 NF58	—	河北	黄色	圆形	褐色	14.32
绥农 14	ZDD22648	绥化	黄色	圆形	黄色	21.02
早熟 1 号	ZDD08026	山东	淡黄	圆形	褐色	15.82
沪宁 95-1	—	上海	绿色	椭圆	黄色	47.23

2. 试剂

牛血清蛋白、考马斯亮蓝 G-250 试剂、葡萄糖标准液（100μg/mL）、蒽酮、标准品 D-棉籽糖 512-69-6 HPLC≥98%，D-果糖 57-48-7 HPLC≥99%，D+无水葡萄糖 50-99-7 HPLC≥99%，蔗糖 57-50-1 HPLC≥98%，水苏糖 54261-98-2，HPLC≥98%；乙腈（HPLC，A998-4，75-05-8，Fisher）。

3. 仪器

可见分光光度计（上海博讯实业有限公司，SP-723）、高速离心机（安徽中科科学仪器有限公司，HC-2062）、数显恒温水浴锅（金坛市盛威实验仪器厂，HH-6）、电子天平（上海舜宇恒平有限公司、FA1004）、高效液相色谱仪（美国沃特世（waters），e2695）、近红外品质分析仪（美国 Bruker 公司，MPA）

（二）方法

1. 营养成分测定方法

蛋白质含量测定参照考马斯亮蓝方法（张继州等，2015）。总糖含量测定参照蒽酮法（翁霞等，2013）。可溶性糖采用高效液相色谱法测定（李俊茹，2021）。脂肪含量利用 MPA 近红外品质分析仪进行测定（任丙新，2020）。低聚糖含量测定利用 HPLC 色谱分析法（李岩哲等，2023）。

2. 数据分析与统计

SPSS 25.0 软件进行单因素方差分析、相关性分析以及主成分分析。

二、结果与分析

（一）不同大豆品种种子营养成分的比较

14 个大豆品种种子营养成分的比较如表 2-4 所示，可以看出这 14 个大豆品种的蛋白质含量在 36.48%~45.89%。翠扇大豆和早熟 1 号蛋白质含量最高，分别为 45.89%、45.64%，且二者差异不显著；绿 75 和冀 NF58 次之，分别为 44.38%、44.24%，且二者差异不显著，与晋豆 21（蛋白含量 44.01%）差异显著，但与翠扇大豆、早熟 1 号及其他品种差异极显著；十胜长叶蛋白质含量与晋豆 21 差异显著，与其他材料差异极显著；沪宁 95-1 蛋白质含量与中品 661 差异不显著；争光 1 号与中龙 608 差异不显著，与其余品种差异显著。黑农 69 蛋白质含量最低为 36.48%，与其他品种蛋白含量差异极显著。根据蛋白质含量分类标准（万超文等，1998），将蛋白质含量分为高、中、低 3 种，十胜长叶、晋豆 21、绿 75、翠扇大豆、冀 NF58、早熟 1 号这 6 个品种中蛋白质含量都在 43%以上，为高含蛋白质品种。

14 个品种脂肪含量范围为 17.97%~2.89%。黑农 69 脂肪含量最高，为 22.89%，与其余品种差异极其显著；绥农 14 次之，为 21.33%，与中黄 35 差异不显著，与其他品种差异极显著；晋豆 21 脂肪含量最少，为 17.97%，与绿 75、中龙 608、早熟一号差异均不显著，而与其他品种差异极显著。克 99-95

表 2-4　不同品种的种子营养成分比较

品种	蛋白质（%）			脂肪（%）			总糖（%）		
	平均值±标准差	变异范围	变异系数	平均值±标准差	变异范围	变异系数	平均值±标准差	变异范围	变异系数
中品 661	42.50±0.57d	41.93~43.07	0.013	20.38±0.41c	19.97~20.79	0.020	9.24±0.13bc	9.11~9.37	0.014
中黄 35	40.21±0.47ef	39.74~40.68	0.012	21.10±0.22b	20.88~21.32	0.010	9.32±0.28bc	9.04~9.60	0.030
十胜长叶	43.23±0.27c	42.96~43.50	0.006	20.32±0.40c	19.92~20.72	0.020	10.01±1.31bc	8.7~11.32	0.131
晋豆 21	44.01±0.008bc	44.00~44.02	0.0001	17.97±0.53e	17.44~18.5	0.029	9.00±0.23c	8.77~9.23	0.026
争光 1 号	39.91±0.28e	39.63~40.19	0.007	19.90±0.090cd	19.81~19.99	0.005	10.00±0.50bc	9.5~10.5	0.050
中龙 608	40.21±0.88e	39.33~41.09	0.022	18.43±0.928e	17.50~19.36	0.050	11.01±1.79ab	9.22~12.8	0.163
绿 75	44.38±0.14b	44.24~44.52	0.003	18.16±0.040e	18.120~18.20	0.002	12.22±2.39ab	11.83~12.61	0.032
翠扇大豆	45.89±0.50a	45.39~46.39	0.011	18.41±0.090e	18.32~18.5	0.005	10.99±0.35b	10.64~11.34	0.032
克 99-95（黄）	38.76±0.36f	38.40~39.12	0.009	19.49±0.240d	19.25~19.73	0.012	12.31±0.89ab	11.42~13.2	0.072
黑农 69	36.48±0.26g	36.22~36.74	0.007	22.89±0.337a	22.55~23.23	0.015	8.84±1.82c	7.02~10.66	0.206
冀 NF58	44.24±0.15b	44.09~44.39	0.003	19.48±0.251d	19.23~19.73	0.013	9.65±0.80bc	8.85~10.45	0.083
绥农 14	39.11±0.57f	38.54~39.68	0.015	21.33±0.474b	20.86~21.80	0.022	9.24±0.94bc	8.3~10.18	0.102
早熟 1 号	45.64±0.31a	45.33~45.95	0.007	18.55±0.307e	18.24~18.86	0.017	13.01±2.48a	10.53~15.49	0.191
沪宁 95-1	41.73±0.85d	40.88~42.58	0.020	19.72±0.66cd	19.06~20.38	0.033	10.21±0.99bc	9.22~11.2	0.097

注：同列不同字母表示差异显著（$P<0.05$）。

（黄）与冀 NF-58 含量差异不显著，与争光 1 号、沪宁 95-1 差异显著，而与其余品种脂肪含量差异极显著；早熟 1 号、中龙 608、翠扇大豆、绿 75、晋豆 21 含量无显著差异。根据脂肪含量的分级标准，黑农 69 的脂肪含量高于 21.5%，为高脂肪品种（万超文等，1998）。

14 个品种的总糖含量的变化范围为 8.84%～13.01%。早熟 1 号总糖含量最高，为 13.01%，克 99-95（黄）次之，为 12.31%，绿 75 排列第三，为 12.22%，黑农 69 总糖含量最少，为 8.84%。克 99-95（黄）、绿 75、中龙 608 这 3 个品种总糖含量差异不显著，与晋豆 21、黑农 69、绥农 14 总糖量差异极显著，而与其余品种差异显著；黑农 69 总糖含量与晋豆 21、绥农 14 差异不显著。

（二）不同大豆品种低聚糖含量比较分析

大豆除了含有丰富的蛋白质、脂肪等营养物质，还含有 7%～10% 的低聚糖如蔗糖、棉籽糖、水苏糖和多糖等活性成分。低聚糖甜度低，具有促进内源性双歧杆菌增殖，增强免疫力，抗癌等功效。由表 2-5 可知，不同大豆低聚糖总糖及蔗糖、棉籽糖、水苏糖含量各异。本研究中克 99-95（黄）总低聚糖最高，为 38.66%，沪宁 95-1 次之，为 38.55%，黑农 69 位列第三，为 36.57%，而中龙 608 最低，为 23.91%；蔗糖含量中，沪宁 95-1 最高，高达 21.75%，克 99-95 次之，为 21.23%，绿 75 位列第三，为 19.50%；棉籽糖含量中，沪宁 95-1 最高，为 4.16%，绿 75 次之，为 4.03%，早熟 1 号位列第三，为 2.84%；水苏糖中十胜长叶含量最高，高达 18.43%，黑农 69 次之，为 15.89%，中龙 608 位列第三，为 15.77%。

表 2-5 不同大豆品种低聚糖含量比较

名称	蔗糖（%）	棉籽糖（%）	水苏糖（%）	总低聚糖（%）
中品 661	16.40	1.21	11.69	29.29
中黄 35	15.60	1.31	11.38	28.30
十胜长叶	10.13	2.28	18.43	30.84
晋豆 21	13.81	1.66	12.62	28.09
争光 1 号	12.90	1.81	13.49	28.20
中龙 608	7.72	0.42	15.77	23.91
绿 75	19.50	4.03	11.13	34.67
翠扇大豆	17.05	1.40	14.49	32.94

（续表）

名称	蔗糖（%）	棉籽糖（%）	水苏糖（%）	总低聚糖（%）
克99-95（黄）	21.23	2.40	15.02	38.66
黑农69	18.48	2.20	15.89	36.57
冀NF58	17.35	1.32	12.65	31.33
绥农14	13.05	1.89	10.05	24.98
早熟1号	13.19	2.84	12.12	28.15
沪宁95-1	21.75	4.16	12.64	38.55

（三）不同大豆品种种子营养成分的相关性分析

对14个大豆品种的蛋白质、脂肪和总糖做相关性分析，如表2-6所示，脂肪与蛋白质为极显著负相关关系，相关系数为-0.732，总糖与脂肪为显著负相关关系，相关系数为-0.593。

表2-6　不同大豆品种种子营养成分相关性分析

营养成分	蛋白质	脂肪	总糖
蛋白质	1		
脂肪	-0.732**	1	
总糖	0.362	-0.593*	1

注：** 表示在0.01水平上有极显著相关；* 表示在0.05水平上有显著相关，下同。

对3种低聚糖进行分析，结果见表2-7，蔗糖含量和棉籽糖含量显著正相关，相关系数为0.573。

表2-7　不同低聚糖相关性分析

低聚糖含量	蔗糖	棉籽糖	水苏糖
蔗糖	1		
棉籽糖	0.573*	1	
水苏糖	-0.263	-0.17	1

（四）不同大豆品种营养成分的主成分分析

利用SPSS软件对不同大豆品种的蛋白质、脂肪和总糖含量进行主成分分析，由表2-8可知，第一个主成分的总遗传方差贡献率为71.258%，特征值大于1，说明主成分1对大豆品质性状的贡献率较高，可用于评价14个大豆品种品质性状，是整体品质性状遗传变异的主要组成部分。其对应的特征向量中，载荷因子最大的是蛋白质，次之总糖，分别是0.838、0.753，而脂肪的载荷量是负值，为-0.932，说明蛋白质与脂肪以及总糖与脂肪是负相关关系。

表2-8　不同大豆品种种子营养成分的主成分分析

项目	主成分1
总特征值	2.138
贡献率（%）贡献率	71.258
累计贡献率（%）	71.258
蛋白质（%）	0.838
脂肪（%）	-0.932
总低聚糖（%）	0.753

三、结果与讨论

本文以来源不同的14个大豆品种为实验材料分析其营养品质，主要结论如下：不同来源的种子营养成分含量不同、变异范围广，说明不同来源种子遗传多样性丰富。不同品种的营养成分中蛋白质、脂肪和总低聚糖的含量均存在显著性差异。本研究中，蛋白质含量较高的品种有翠扇大豆、早熟1号、绿75、冀NF58、十胜长叶，含量均高于43%；脂肪含量较高的品种有黑农69，含量高于21.5%；总糖含量较高的品种有早熟1号、克99-95黄和绿75，种子的这些差异也使得优良品种的筛选变得有意义。

大豆低聚糖作为功能活性物质，不仅可以保护肝脏，抗癌、降压、延缓衰老等，在抑制病原菌的增长，促进双歧杆菌的增殖，提高免疫力方面也有很大发展前景。不同大豆低聚糖含量不同，其营养及商品价值不同。对不同品种大豆低聚糖含量的分析表明，克99-95低聚糖含量最高为38.66%，由于甜度低，可作为甜味剂替代品用于高档糖果、巧克力的生产或作为饲料添加剂用于肉鸡等，提高抗氧化功能；蔗糖含量中，鲜食克99-95和沪宁95-1的蔗糖含量比较高，分别为21.23%、21.75%可用来加工豆腐；棉籽糖中鲜食豆沪宁95-1、绿75含量最高分别为4.16%，4.03%，是食品、保健品、化妆品及饲料行业的重要原料。研究还表明低聚糖含量与种子抗逆性有关，以上筛选的品种不仅丰富了我国食品加工业优异种质资源筛选来源，同时，也为农业育种提供了重要的资源（Li 等，2008）。

对不同大豆种子进行相关性分析，结果表明脂肪与蛋白质呈极显著负相关、总糖与脂肪呈显著负相关（张美等，2014）。对不同低聚糖进行相关性分析，得到不同籽粒的蔗糖和棉籽糖含量呈显著正相关，与其他研究人员的研究成果基本一致（李俊茹，2021）。棉籽糖含量与水苏糖含量不相关，与其他学者的研究成果一致（王晓岩等，2010）。此外，还对蛋白质、脂肪和总糖进行了主成分分析，结果表明蛋白质与脂肪以及总低聚糖与脂肪呈负相关，这与本研究相关性分析的结果一致。

第三节　基于不同大豆品种农艺性状及品质性状的适应性分析

大豆（*Glycine max* L. Merr）起源于中国（Hymowitz 等，1981），是人类生活中不可缺少的油料和粮食作物，在我国农业发展中占有重要地位。山西省拥有 2 282 份大豆品种，是我国大豆种质资源较丰富的一个省（朱莉，2004），种植和加工历史悠久（段学艳等，2007）。大同地区位于山西北部，地处黄土高原，良好的自然环境条件使大豆品种具有"三高"（油脂和蛋白质含量高、产量高）的特点，可加工成各种营养丰富的豆制品。近年来，在国家"强农惠农"政策的引领下，大豆种植面积逐年增加。但受生态环境、土壤资源条件及土地资源数量限制，大豆相对产量较低，当地生产的大豆总量远不能满足消费者的需求。因此，加强大豆新品种引进和选育工作，拓宽现有大豆品种资源的利用、加强大豆资源在生态区适应性研究及资源特性鉴定，尤其是农艺性状和品质性状的研究，对发展大豆生产、调整种植结构和丰富群众饮食种类具有重要意义。

科研人员已经从不同角度对大豆的品质及与主要农艺性状的关系进行了大量的探讨。如研究人员以 11 个鲜食大豆为材料，在内蒙古自治区赤峰地区通过调查它们的农艺性状、产量性状和品质性状，发现有 9 个品种（系）的农艺性状在当地适应性好，进而对 9 个品种（系）的 14 个性状进行主成分分析，得到毛豆 6 号综合得分较高（周学超等，2017）。不同农艺性状与产量性状之间存在相关性，如鲜荚产量与百粒重、单株荚数和株高等性状有关（Mebrahtu 等，1991），籽粒蛋白质含量与苗期、结荚期、鼓粒期的日数、生育期以及株高、主茎节数和结荚高度呈极显著正相关，籽粒脂肪含量与百粒重呈显著负相关，与其他农艺性状间的相关性不显著（周恩远等，2008）。鲜食大豆以其鲜荚产量高以及较短的生育期，在生产中具有广阔的发展前景（武天龙等，1999）。科研人员研究江苏省主栽的 18 个菜用大豆品种的 18 项指标（如荚长、荚宽、荚厚等），发现品质可用 7 个主成分来表示（累积贡献率达92.33%）（宋江峰等，2015）。山西大同地区是小杂粮的主要生产基地，大豆作为粮油兼用植物，种植历史悠久，但尚未见不同品种在该地区的试种及适应性评价研究（张永芳等，2020）。

本研究通过对引进的 7 个大豆品种的农艺和品质性状进行统计，并进行相关性分析、主成分分析及综合得分评价，旨在分析其在山西大同及周边地区的适应性，为今后大同地区的大豆引种、品种选育及农民因地制宜种植奠定理论基础。

一、材料和方法

（一）试验地点

试验地位于山西大同大学北区试验基地。该基地位于山西省和内蒙古自治区交界处，E 112°34′~ E 114°33′，N 39°03′~ N 40°44′，全年平均气温为 -7.1~5.1℃，10℃以上的有效积温为 2 774~3 011℃，日照时数为 2 697~3 012h，年降水量为 384~453mm，为温带大陆性季风气候，气候干燥，昼夜温差大。

（二）材料试剂与仪器

1. 材料

选用绿 75、浙鲜豆 9 号、沪宁 95-1、翠扇大豆、中黄 59、十胜长叶、中黄 35 共 7 个大豆品种为试验材料。其中沪宁 95-1、绿 75 和浙鲜豆 9 号为鲜食大豆，其他为普通大豆。均由中国农业科学院作物科学研究所提供。

2. 试剂

1 000μg/mL 和 100μg/mL 的牛血清白蛋白（BioFroxx）、考马斯亮蓝 G-250 试剂，天津市瑞金特化学品有限公司；葡萄糖标准溶液（100μg/mL）、蒽酮、体积百分比 80% 和 90% 的乙醇、质量百分比 85% 的磷酸，国药集团化学试剂有限公司。

3. 仪器

紫外分光光度计（上海广谱仪器有限公司，752）、离心机（上海化工机械厂有限公司，H71510）、数显恒温水浴锅（金坛市国旺实验仪器厂，DZKW-D-1）、电子天平（上海精科天美科学仪器有限公司，FA1004）、粉碎机（吉首市中城制药机械厂，405）、近红外品质分析仪（美国 Bruker 公司，MPA）。

（三）方法

1. 试验设计

采用随机区组排列，4 次重复，行长 1.3m，行距 40cm，株距 35cm。每穴 3 粒，行长 3m，出苗后间苗，每穴留 1 株。播种前施用牛粪做底肥。依照当地常规处理进行田间管理，并按时浇水锄草。调查时每个品种除去边株，随机取 3 株进行田间观察和考种测量调查。参照邱丽娟等方法测量和调查方法测定各项性状（邱丽娟等，2006）。调查的主要农艺性状为出苗期、生育期、株高、主茎节数、分枝数、每荚粒数和百粒重。待每个品种成熟后，取样考种，脱粒检测其口感品质、蛋白质含量、脂肪含量及可溶性糖含量。

2. 指标测定方法

参照口感评价方法进行口感评价（程艳波等，2012）。在收获当天，随机编号，将清洗干净的豆荚放入锅中，倒入清水淹没豆荚，煮 10min 左右，捞取出来，待其冷却后进行品尝。口感等级分为 A 级（柔糯香甜）、B 级（鲜脆）、C 级（微苦或硬）3 种。

采用考马斯亮蓝法测定籽粒中蛋白质含量（李娟等，2000）；采用 MPA 近红外品质分析仪测定脂肪含量（李志新，2011）；采用蒽酮比色法测定可溶性糖含量（李安妮等，1983）。所有测定均 3 次重复。

3. 数据分析与统计

使用 Microsoft Excel 2010 进行数据整理和绘图，应用 SPSS 21.0 软件对数据进行单因素方差分析、相关性分析和主成分分析。

二、结果与分析

（一）不同大豆品种的农艺性状结果

生育期的长短可反映大豆品种的遗传特性，也可反映不同品种适应不同生态环境的差异情况。7 个大豆品种的生育期统计结果（表 2-9）可知，参试的 7 个品种在大同地区均可正常成熟。7 个品种的出苗期变幅为 8.3~11.7d，其中绿 75 出苗最早，为 8.3d，翠扇大豆出苗较晚，为 11.7d。7 个品种的生育期变幅在 110.6~135.0d，其中鲜食大豆绿 75、浙鲜豆 9 号和沪宁 95-1 的生育期较短，为 116~120d，生育期最长的是普通大豆品种翠扇大豆，为 135d，极显著长于其他品种，表明鲜食大豆的生育期短于普通大豆。7 个大豆品种的株高变幅为 31.3~76.0cm，最高的是翠扇大豆，为 76.0cm，与其他品

表2-9　不同大豆品种的农艺性状

品种	出苗期/d	生育期/d	株高/cm	主茎节数	分枝数	每荚粒数	百粒重/g
绿75	8.30±0.60a	116.30±1.50b	39.50±0.40c	12.00±1.00abc	4.70±0.58a	2.00±0.00b	37.70±1.20a
浙鲜豆9号	9.00±1.00a	120.00±1.20bc	43.70±0.20c	10.40±0.50bc	3.00±3.00a	2.00±0.00b	28.30±0.60b
沪宁95-1	9.00±0.00a	110.60±5.30a	31.30±0.20c	8.00±0.00c	5.00±0.00a	2.60±0.58b	23.70±0.60c
翠扇大豆	11.70±0.60b	135.00±3.60d	76.00±0.10a	17.00±1.00a	4.00±1.00a	3.00±0.00b	24.50±0.90c
中黄59	8.70±0.58a	125.00±2.00c	38.70±0.50c	13.40±3.70abc	4.70±0.58a	2.70±0.58b	10.60±0.50e
十胜长叶	9.30±0.50a	125.00±2.70bc	46.00±0.10c	11.00±1.00abc	4.00±0.00a	2.40±0.58b	18.70±0.60d
中黄35	9.30±0.60a	111.00±5.29a	63.00±1.50b	15.00±1.00ab	15.00±1.00a	4.00±0.00a	28.10±0.23b
变异系数CV	0.36	0.14	0.04	0.62	0.45	1.73	0.20

注：同列不同小写字母表示不同品种间差异在$P<0.05$水平具有统计学意义。

种株高差异极显著。不同大豆品种的主茎节数变幅在 8.0～17.0 个，最多的是翠扇大豆，为 17.0 节，最少的是沪宁 95-1，为 8.0 节，与其他品种主茎节数差异极显著。各个品种的分枝数相似，差异并未达到显著水平（$P>0.05$）。不同品种的每荚粒数变幅为 2.00～4.00 粒，最多的是中黄 35，有 4 粒，与其他品种差异极显著。7 个品种的百粒重变化范围为 10.6～37.7g，最大的是绿 75，为 37.7g，最小的是中黄 59，为 10.6g，与其他品种差异极显著。变异系数最大的是每荚粒数（1.73），其次为主茎节数（0.62），说明此 7 个农艺性状中遗传稳定性较差的是每荚粒数和主茎节数。株高的变异系数最小，仅 0.04，表明其遗传相对稳定。分枝数（0.45）、出苗期（0.36）、百粒重（0.20）、生育期（0.14）的变异系数居中。

（二）不同大豆品种的品质性状结果

大豆中蛋白质含量、脂肪含量和可溶性糖含量等品质性状能反映其在当地的发育优劣。由表 2-10 可以看出，7 个大豆品种蛋白质含量介于 38.91%～46.69%，其中翠扇大豆的蛋白质含量最高，为 46.69%。脂肪含量为 18.17%～22.57%，中黄 35 的脂肪含量最高，为 22.57%。可溶性糖含量范围为 2.50%～4.60%，最高的品种是绿 75，为 4.60%，最低的品种是浙鲜豆 9 号，为 2.50%。万超文等将蛋白质和脂肪分为高、中、低三级（万超文等，1998）。据此标准，7 个品种中绿 75、翠扇大豆和中黄 59 的蛋白质含量均达到 43%以上，为高蛋白品种。浙鲜豆 9 号、十胜长叶和中黄 35 的脂肪含量达到 20%以上，为高脂肪品种。此外，翠扇大豆和中黄 35 的蛋白质与脂肪含量总

表 2-10　不同大豆品种的品质性状

品种	蛋白质 含量/%	脂肪 含量/%	蛋白质含量+ 脂肪含量/%	可溶性糖 含量/%	口感评价
绿 75	43.49±2.00b	18.17±11.00c	61.66±13.00abc	4.60±0.00a	A
浙鲜豆 9 号	38.91±0.00d	20.78±1.00b	59.69±1.00c	2.50±0.00c	A
沪宁 95-1	40.40±2.00bc	19.72±3.00bc	60.12±5.00abc	3.70±0.00b	A
翠扇大豆	46.69±0.00a	18.54±0.00bc	65.23±3.10a	4.19±0.00a	A
中黄 59	43.38±0.00b	18.93±3.00bc	62.31±3.20ab	4.00±0.00a	B
十胜长叶	41.65±1.00bc	20.32±0.03b	61.97±4.00abc	3.60±1.00b	B
中黄 35	41.01±0.01bc	22.57±0.00a	63.58±0.01a	3.50±0.00b	A
变异系数 CV	0.07	0.08	0.15	0.16	—

注：同列不同小写字母表示不同品种间差异在 $P<0.05$ 水平具有统计学意义。

和分别为 65.23% 和 63.58%，高达 63% 以上，为兼用品种。口感品质方面，鲜食豆的口感均为 A 级，普通大豆中黄 59 和十胜长叶为 B 级，中黄 35 和翠扇大豆也均为 A 级。可溶性糖含量的变异系数最大，为 0.16，说明这 3 个品质性状中，可溶性糖的遗传稳定性最差；蛋白质含量的变异系数最小，为 0.068，表明其遗传相对稳定；脂肪的变异系数也较小，为 0.08，遗传稳定性较高。

（三）不同大豆品种不同性状的综合分析

1. 农艺性状及品质性状的相关性分析

对大豆品种的 7 个农艺性状和 3 个品质性状进行相关性分析，从结果（表 2-11）可知，出苗期和主茎节数呈显著正相关，相关系数为 0.847，株高和主茎节数呈显著正相关，相关系数为 0.873；蛋白质含量与可溶性糖含量呈显著正相关，相关系数为 0.786，脂肪含量和分枝数呈显著负相关，相关系数为 -0.757。可知，不同指标之间存在性状重叠，为了更加客观地评价并筛选出适宜在大同地区种植的大豆材料，对其农艺性状和品质性状进行主成分分析。

表 2-11　不同大豆品种农艺性状和品质性状的相关性分析

指标	A	B	C	D	E	F	G	H	I
B	0.686								
C	0.847*	0.510							
D	0.642	0.548	0.873*						
E	-0.21	0.004	-0.525	-0.312					
F	0.364	-0.135	0.605	0.586	-0.351				
G	-0.097	-0.097	0.397	0.101	-0.037	-0.211			
H	0.614	0.694	0.548	0.727	0.354	0.147	-0.089		
I	-0.117	-0.482	0.169	-0.042	-0.757*	0.563	0.017	-0.664	
J	0.107	0.187	0.090	0.353	0.692	0.048	0.090	0.786*	-0.686

注：A：出苗期；B：生育期；C：株高；D：主茎节数；E：分枝数；F：每荚粒数；G：百粒重；H：蛋白质含量；I：脂肪含量；J：可溶性糖含量。* 和 ** 分别表示在 $P<0.05$ 或 $P<0.01$ 水平相关性具有统计学意义。

2. 不同大豆品种不同性状的主成分分析和综合评价

对不同大豆品种的 7 个农艺和 3 个品质性状进行主成分分析，得到特征值及其贡献率，结果见表 2-12，由表 2-12 可知，前 4 个主成分对应特征值均大于 1，且累积方差贡献率达 95.162%，说明这 4 个主成分基本代表 10 个性状 95.162% 的信息，这 4 个主成分代表了 7 个大豆品种的大部分性状特征。主成分 1 的贡献率达到 41.097%，其对应的特征性状中，载荷值最大的是株高为 0.906，其次为出苗期、主茎节数、生育期、蛋白质含量，载荷值均大于 0.3，说明株高、出苗期、主茎节数、生育期、蛋白质含量均在主成分 1 中具有较高权重；而分枝数和脂肪含量的载荷值为负值，且载荷值绝对值小于 0.3。主成分 2 的贡献率为 30.828%，其对应的特征性状中，可溶性糖含量载荷值最大，为 0.962，其次为分枝数和蛋白质含量，载荷值均大于 0.3，其余载荷值均小于 0.3。主成分 3 的贡献率为 13.239%，其对应的特征性状中，每荚粒数载荷值最大，为 0.937，其次为脂肪含量、主茎节数、株高，载荷值均大于 0.3，其余载荷值均小于 0.3，其中蛋白质、百粒重、分枝数、生育期的载荷值为负值，且除生育期绝对值大于 0.3 外，其余均小于 0.3。主成分 4 的贡献率为 10.558%，其对应的特征性状中，载荷值最大的为百粒重为 0.995，其余载荷值均小于 0.3，而分枝数、生育期、出苗期的载荷值为负值，且只有生育期的载荷值的绝对值大于 0.3。

表 2-12   不同大豆品种主要性状的主成分

项目	主成分 1	主成分 2	主成分 3	主成分 4
总特征值	4.110%	3.083%	1.324%	1.056%
贡献率	41.097%	30.828%	13.239%	10.558%
累计贡献率	41.097%	71.925%	85.164%	95.162%
出苗期	0.902	−0.016	0.039	−0.081
生育期	0.811	0.131	−0.404	−0.369
株高	0.906	−0.135	0.361	0.156
主茎节数	0.839	0.159	0.413	0.046
分枝数	−0.326	0.857	−0.251	−0.227
每荚粒数	0.294	−0.081	0.937	−0.101
百粒重	−0.047	−0.032	−0.055	0.995
蛋白质含量	0.719	0.692	−0.004	0.030
脂肪含量	−0.222	−0.739	0.602	0.134
可溶性糖含量	0.127	0.962	0.117	0.142

根据前人方法（林海明等，2005），利用前4个主成分因子得分与其对应特征值的贡献率建立综合得分的线性方程：F＝（0.410 97F1 +0.308 28F2+0.323 90F3+0.105 58F4）/0.951 62，通过该公式计算得到7个品种的综合得分（表2-13），并按得分大小进行排序。综合得分越高，说明该品种在当地的适应性越好。由表2-13可知，参试的7个大豆品种中，翠扇大豆、绿75和中黄35的综合得分较高，说明这3个品种较适合在大同地区种植。

表2-13　不同大豆品种主要性状的主成分因子得分和综合得分

品种	主成分因子得分				综合得分	等级
	F1	F2	F3	F4		
绿75	−0.47486	1.21248	−0.50204	1.60816	0.29	2
浙鲜豆9号	−0.14004	−1.74574	−1.11334	0.33163	−0.74	7
沪宁95-1	−1.20818	0.37337	0.01067	−0.26362	−0.43	6
翠扇大豆	2.05958	0.46302	−0.20838	0.04571	1.01	1
中黄59	−0.22580	0.72767	0.11552	−1.57410	−0.02	4
十胜长叶	−0.03915	−0.33140	−0.37814	−0.68362	−0.25	5
中黄35	0.02845	−0.69941	2.07571	0.53584	0.13	3

三、结果与讨论

本研究对7个大豆品种在大同地区的适应性进行研究，发现7个品种均可在大同地区正常成熟，且均表现出较好的生态适应性。对不同品种的农艺性状和品质性状进行调查表明，各大豆品种性状不同，各性状变异系数也有差异，与前人对大豆主要农艺性状研究分析的结果一致（周恩远等，2008）。这可能是因为大豆品种生育期若短，主茎节数就少，株高变低，成熟较早，单株生产力也相应较低。本研究利用主成分分析和综合评价分析发现，翠扇大豆的综合得分最高，可能是因为该品种早熟、高产，属于春夏兼用品种，如果能在大同地区合理种植将对大同地区大豆的引种及育种起到重要作用。综合得分第二的为绿75，可能与该品种鲜食、种皮薄、籽粒大且饱满、味道甜有关，在实际生产中如果选育含糖量高、口感风味好的品种可以将绿75作为选育品种，具有重要的市场价值。而综合得分第三的为中黄35，该品种生育期适中，总体性状表现优良，与前人的研究结果一致（王岚等，2009）。

相关性分析可以用来衡量两个变量因素的相关密切程度，育种中常借助这种相关性来研究较难观察到的目标性状从而选择育种。本研究的相关性分析表明，脂肪含量与分枝数呈显著负相关，提高脂肪含量可以间接通过对分枝数的选择达到选择的效果；出苗期及株高均与主茎节数呈显著正相关，这与前人研究结果一致（闫昊等，2010）。出苗期和主茎节数是比较早形成、相对稳定的性状，因此可以通过出苗期和主茎节数间接达到选择株高的效果。然而，该研究建立的相关性只是基于大同地区有限的品种研究所得的结论，需要后期扩大大豆材料数量，选择更多具有代表性的大豆品种进行广泛研究才可确定具有普遍意义的量化关系。

本研究所用 7 个大豆品种均适应在山西晋北地区种植，绿 75、中黄 35 和翠扇大豆综合性状优良，可作为该区域推广种植的优选大豆品种。

第三章　大豆香味性状研究

第一节　大豆香味鉴定方法比较研究

近年来，人们利用不同的挥发性分析技术对水稻、番茄、黄瓜等进行了大量的研究，主要目的是检测挥发性成分影响风味的化合物及影响挥发性成分的关键基因。香味的鉴定方法包括定性法和定量法两种。定性法又包括咀嚼法、热水法、氢氧化钾浸泡法等，定量法包括电子鼻法、GC-MS 法等。定性法较为主观，同一品种鉴别结果可能会因人而异。

定性鉴定法包括咀嚼法、热水法、氢氧化钾。咀嚼法是育种和遗传学家早期研究中常用的"咀嚼籽粒"法来鉴别是否有香味，于口中嚼碎籽粒（生的或是熟的籽粒），吸气让气流通过鼻呼出。该方法误差大、粗放、人为主观因素多，缺乏客观统一标准，但对于香稻的香味选择较为适用（Dhulappanavar 等，1976）。Nagaraju 发明了热水法，具体为取 2g 左右的营养器官样品研碎，放入 20mL 的试管内，加盖用 45℃ 水浴后用鼻子去嗅其香味的有无，此方法易受叶绿素干扰，目前已很少应用（Nagaraju 等，2002）。Sood（1975）发明了氢氧化钾（KOH）法，可用于快速测定香稻。该法简单快速，排除了叶绿素的干扰，可以在植株任何部位，在大田或实验室，短时间内通过 KOH 浸泡抽提香气随后鉴别，在香稻鉴定中已经普及。具体做法为将 2g 切碎的营养器官样品，放入小玻璃培养皿中，在每个装有样品的培养皿中，加入 10mL 质量浓度为 1.7% 的 KOH 溶液，立即盖上培养皿盖，用嗅觉判别香味的有无（Sood，1975）。

定量鉴定法包括电子鼻法、GC-MS 法等。电子鼻技术能够对复杂的气味及挥发性成分进行检测、识别、分析，也叫气味指纹检测仪，是模拟生物嗅觉系统、生物鼻的工作原理进行工作的装置。包括采样系统、气敏传感器阵列、信号预处理系统及模式识别系统 4 大组分组成，可通过获得待检样品的总体挥发成分气味信号，利用数据库中已有的信号作出检测、识别和分析，不可以对某种或某几种成分单独测定。由于该检测手段对待测物无损、操作简单、检测用时短、灵敏度好、重复性好、费用较低、对环境无污染（罗建玲等，2021），目前在农业（赵婧，2015；邹光宇等，2019；张红梅等，2011）、食品工业（赵洪雷等，2021；任二芳等，2021；Teixeira 等，2021；郭永跃等，2021；王婧，2021）、医药领域均有应用（刘瑞新等，2020；王学勇等，2014；张晓等，2019；赵景波等，2006；田卉玄等，2021）。如顶空固相微萃取-气相色谱-质谱（Solid Phase Micro-Extraction-Gas Chromatography-mass Spectrometry，SPME-GC-MS）联用技术和电子鼻技术被用来鉴定 5 个不同品种金针菇挥发物质，并对其进行定性、定量分析，主成分分析和聚类分析，发现可以将 5 个品种有效区分（王鹤潼等，2021）。电子鼻法被用来鉴定富含香豆素的日本绿茶特征香味物质（Yang 等，2009）。电子鼻法可以根据果味强度轻重对特级初榨橄榄油进行分级（Teixeira 等，2021），对不同来源的太子参进行准确区分，效果良好（黄特辉等，2020）。GC-MS 技术开始于 20 世纪 50 年代后期，是气相色谱与质谱仪联用的技术，兼有气相色谱高效分离能力、定量准确以及质谱检测器对未知化合物灵敏度高、定性能力强等特点，待测物各组分经气相色谱仪分离后进入到质谱仪，确定各化合物的分子量和官能团，再由计算机检索标准谱库从而定性未知化合物（薛东胜，2008；田力，2010；郑凯等，2006），其方法简单、快速、准确，但是费用较高。已被广泛应用于农业（郑凯等，2006）、食品（蒋盈盈等，2020）研发、药物开发、环保、材料等领域，尤其适用于易挥发或易衍生化合物的分析。如 GC-MS 检测浓香菜籽油挥发性风味物质共有 68 种（苏晓霞等，2019），不同品种小米的代谢产物及差异代谢产物的代谢途径（张丽媛等，2020），不同基因型黄瓜芳香物质及主要特征香气成分（郝丽宁等，2013），叶青块根和藤茎叶挥发性成分（张煜炯等，2020）。除以上两种方法外，有"辩味仪"（贾伯年，1992）、"测味仪"（远一，2003）、"便捷试测味仪"（允连，1989）等可以分辨香味。其原理是利用某种金属氧化物和生物膜，根据香味物质分子接触膜引起膜电位的微小变化来判断香味强弱，不过精确度和灵敏度都有待进一步提高。

一、材料与方法

（一）试验材料

田间试验于中国农业科学院北京顺义基地进行，选用国内外地理来源不同的 11 份大豆材料，包括国内 7 份（中黄 35、中品 661、翠扇大豆、晋豆 21、早熟 1、九月爆、黑农 69）、国外 4 份（十胜长叶、JACK、丹波 1 号、CAMP）。每份种植单行区，3 次重复，行长 3m，行距 0.45m，株距 0.1m，周围种植 3 行保护行，施肥及田间管理按照常规大田管理。

（二）试验方法

1. 定性鉴定法

（1）KOH 浸泡法

首先以本实验室已有亲本中黄 35、十胜长叶为材料对其出苗 20d、40d、60d 3 个不同时期、不同节位的叶片进行 KOH 法鉴定，确定鉴定最佳时期及部位，之后按照样品制备方法（图 3-1）及品评方法对其他材料鉴定。样品制备方法为：准确称量 2g 大豆叶片，剪碎成为直径 2mm 大小放入培养皿然后移入小玻璃瓶中，加入 15mL 质量浓度为 1.7% 的 KOH 溶液，培养皿的顶部留有空间，立即盖上瓶盖，并编号，静置 15min 后开始进行香味鉴定（保证气压在周围温度下达到平衡）。以中品 661 为对照，将已制备的该组样品提交给 10 名与试人员依次闻嗅，指导其进行如下操作：品评人员将培养皿盖逐个打开，闭上嘴，用鼻子吸嗅蒸气，以识别每一种气味样品。依据建立的描述词描述气味，对样品做出香、非香的评价，记录鉴定结果。一旦确定之后，评价员即盖上盖子，回答 KOH 品评记录表（表 3-1）。

图 3-1　KOH 浸泡法流程图

表 3-1　KOH 品评记录表

评价人：

时间：

样品编号	你是否感觉到有一种气味		你识别出这种气味了吗		气味的名称	气味的描述或联想	备注
	是	否	是	否			
1							
2							

（续表）

样品编号	你是否感觉到有一种气味		你识别出这种气味了吗		气味的名称	气味的描述或联想	备注
	是	否	是	否			
3							
4							
5							
6							
7							
8							
9							
10							

（2）蒸煮法

在种子成熟期参照国家标准《稻谷储存品质规则》（GB/T 20569—2006）对大豆进行处理并品评，具体方法略有调整（图 3-2）。具体方法如下：首先挑选大小均一、年代一致的大豆品种 30 粒于玻璃瓶中，用 60mL 的水搅拌清洗大豆一次，再用 60mL 的娃哈哈矿泉水冲洗一次，尽量将余水倾尽；加入娃哈哈矿泉水 40mL，浸泡大约 8h，将加好水的饭盒盖严备用；蒸锅内加入适量水，用电磁炉（电饭锅）加热至沸腾，取下锅盖，将加水的饭盒均匀地放于水锅内，盖上锅盖，继续加热开始计时，蒸煮 15min，停止加热；将饭盒从锅内取出放在磁盘上，趁热品尝。为了客观反映样品蒸煮品质，减小感官品评误差，制备大豆的饭盒随机编排，避免规律性编号或者提示性编号。10 人一组品评，每人 5 粒，参加品评人员每人一盒。要求品评人员具有敏锐的感觉器官和鉴别能力，在开始进行品尝评定之前，应通过鉴别实验来挑选感官灵敏度较高的人员，品评人员由不同性别、不同年龄档次的人员组成。品评实验应在饭前 1h 或饭后 2h 进行，品评前品评人员应用温开水漱口，把口中残留物去净。品评应保持室内和环境安静、无干扰。评分时不能相互评论，以免相互影响，实验人不应向品评人员说明样品名称或者质量相关情况。对色香味进行品尝，品评大豆的色、香、味，外观性状及滋味等（表 3-2），并将评价结果填写在蒸煮评分记录表（表 3-3）中。最后按照分数对样品做出香、非香的评价。

60mL H$_2$O 8h　　　　　　　　　　　15min →品尝

图 3-2　蒸煮法鉴定流程

表 3-2　蒸煮评分记录表

评价人：

时间：

项目	样品号										评分标准
	1	2	3	4	5	6	7	8	9	10	
色泽（10分）											色泽、光泽正常：5~10分
											发暗、发灰、无光泽等：0~5分
香味强度（20分）											不存在：0分
											刚好识别：0~10分
											很强：10~20分
持续时间（20分）											较短即在品尝过程中香味很快消失0分
											一般即在品尝过程中香味逐渐减弱，稍有余香味 0~10分
											相当长即在品尝过程中国香味逐渐加重或提升10~20分
品尝评分（50分）											香　25~50分
											不香　0~25分
总分											

（3）豆浆法

按照蒸煮法挑选并清洗大豆种子 50g，用 60mL 蒸馏水浸泡 8h，控干水分，置于盛有 600mL 水的豆浆机，按下豆浆按钮制浆（图 3-3），制好后，用两层纱布过滤到一次性纸杯，每杯 20mL，随机编排，10 人一组按照表 3-3 进行评价。评价时趁热打开饭盒盖，先观察大豆色泽，然后咀嚼品评滋味。根据大豆的色泽和味道进行评分，将各项得分相加为品尝评分。根据每个品评人员的品尝评分结果计算平均值，个别品评误差超过平均值 10 分的数据应舍弃，舍弃后重新计算平均值。最后品尝评分的平均值作为大豆品尝评分值，计算结果取整数。

图 3-3　豆浆法鉴定流程

表 3-3　豆浆评分记录表

评价人：

时间：

项目		编号					评分标准
		1	2	3	4	5	
色泽（10分）							1. 色泽均匀（8~10分） 2. 惨淡的白色，稍显清淡（4~7分） 3. 色泽暗淡、不均匀（0~3分）
香气（嗅味）	香味强度（20分）						1. 豆香味（13~20分） 2. 香味稀薄，无异味（7~13分） 3. 豆腥味（0~6分）：主要包括生味、青草味、油脂氧化味
味道（口感）	滋味（10分）						1. 甜（8~10分） 2. 淡，不甜也不苦或酸涩等（4~7分） 3. 苦、涩、酸味（0~3分）
	丝滑度（10分）						1. 入口细滑，无颗粒感（8~10分） 2. 较为稀薄，有少许的颗粒感（4~7分） 3. 有严重的粗糙颗粒感（0~3分）
风味（香气+味道）（50分）							1. 芬芳浓郁、回味长（8~10分） 2. 清淡，味道较好，略带异味（4~7分） 3. 无香味、异味重（0~3分）
总分							

2. 定量鉴定法

（1）电子鼻法

采用电子鼻系统 PEN3（德国，Airsense），其传感器阵列由 10 个不同的金属氧化物传感器组成（表 3-4）。该电子鼻信号响应值为传感器接触到样品挥发物后的电导率与传感器在经过标准活性炭过滤气体的电导率的比值。该电子鼻具有自动调整和自动校准及系统自动富集的功能，有效保证电子鼻测量数据的稳定性与精确度。本研究采用静态顶空采样法对静置于密闭容器中样品上方的挥发气体进行取样，并对气体成分及其在原样品中的含量进行分析。每份样品取 10g 放在 100mL 玻璃瓶中，25℃密封静置 1h，然后用电子鼻对玻璃瓶顶空挥发气体进行检测，电子鼻测定条件为样品静置 1h 后，传感器自清洗100s，样品准备 5s，进样流量 400mL/min；分析采样时间 65s。实验在 25℃下进行。每次测定重复 3 次（图 3-4）。各柱子最大值或者 40~42s 的平均值作为最终结果。

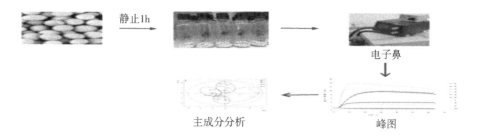

图 3-4　电子鼻法鉴定流程

表 3-4　电子鼻各传感器性能描述

编号	传感器名称	性能描述
S1	W1C	芳香族
S2	W5S	氮氧化合物
S3	W3C	氨和芳香族
S4	W6S	氢气
S5	W5C	甲烷 丙烷 脂肪 非极性分子
S6	W1S	甲烷类
S7	W1W	含硫有机物
S8	W2S	醇类
S9	W2W	含硫和氯的芳香族
S10	W3S	甲烷和脂肪族

（2）GC-MS方法

将1g大豆种子磨成粉并过200目筛后置于20mL顶空瓶内，采用固相微萃取方法提取挥发性化合物，再通过气相色谱-质谱联用仪岛津GC-MS QP2010 plus对这些化合物进行分离并分析。固相微萃取条件：采用65μm PDMS/DVB萃取头，将样品置于50℃条件下平衡40min后，将萃取头插入顶空瓶中萃取30min，最后将萃取头拔出并置于250℃的进样口中解吸2min。

气相色谱条件：色谱柱型号DB-WAX（30m×0.25mm×0.25μm），柱温箱初始温度40℃，进样口温度250℃，不分流进样，载气流速1mL/min，柱温箱升温程序为40℃保持3min，5℃/min升至120℃，10℃/min升至200℃，保持13min。

质谱条件：离子源温度200℃，传输线温度250℃，采用全扫描模式采集信号，扫描范围m/z 35~500。实验结果使用NIST11数据库对未知挥发性化合物谱图进行比对，并采用面积归一化法进行定量（组分峰面积占总峰面积的百分比）。结合保留时间、质谱、实际成分和保留指数等参数进一步确定香气组分及含量。

3. 统计分析

以上鉴定结果所得分数取平均值后，除电子鼻法利用自带软件进行主成分分析，其余利用IBM SPSS statistics 20做主成分及相关性分析。

二、结果与分析

（一）定性鉴定法

以中黄35、十胜长叶不同节位的叶片进行KOH法鉴定，发现二者均在出苗40d即开花前期、第二节位叶片挥发性物质丰富，因此选择第二节位叶片为研究对象，进一步对大豆出苗20d、40d、60d 3个不同时期的叶片进行鉴定，发现20d时的叶片用KOH法浸泡后只有加热才有助于叶香的挥发，而40d、60d的叶片用KOH法浸泡后均不需要加热即可嗅到叶香，且40d比60d的叶香更浓，因此选择40d为鉴定最佳时期。利用该方法对其余材料进行鉴定，结果表明不同大豆叶片香型不同，KOH法筛选出4份香，7份非香材料；4份香材料中，十胜长叶为焦香、中品661为薄荷香、翠扇大豆为茶香，人们普遍喜爱，丹波1号为浓香型，部分人喜欢。7份非香材料中，晋豆21为肥皂味、早熟1略有苦杏仁味、JACK为刺鼻味、其余具有青草味。需要指出的是，本研究也尝试用KOH法浸泡大豆种子、茎秆法然后嗅味，发现效果一般，种子以豆腥味为主，茎秆挥发性物质不易散发，说明不宜以种子及茎秆作为材料进行鉴定。

利用蒸煮法对 11 份材料进行鉴定，有 4 份材料分别为丹波 1 号、黑农 69、CAMP、九月爆鉴定结果与 KOH 法鉴定结果不一致，蒸煮法中丹波 1 号为非香，而黑农 69、CAMP、九月爆表现为香，说明不同方法关注的香味物质并不相同，所鉴定到的香味类型也不同；进而又用豆浆法对 11 份材料进行鉴定，发现豆浆法和蒸煮法鉴定结果较为一致，只有丹波 1 号鉴定结果不同，究其原因，丹波 1 号种子种皮黑色、百粒重大，同样多的水进行蒸煮浸泡不透彻，导致种子发硬、发脆，使人产生厌恶感。3 种方法鉴定均为香的材料为：中品 661、翠扇大豆、十胜长叶，均为非香的材料为：晋豆 21、早熟 1、JACK、中黄 35（表 3-5）。对 3 种方法鉴定结果进行相关性检验（表 3-6），其中蒸煮法与豆浆法极显著相关，氢氧化钾与蒸煮法极显著相关、与豆浆法显著相关。

（二）定量鉴定法

1. 电子鼻法鉴定结果

利用电子鼻法对 11 份材料挥发性物质进行分析，得到 10 个传感器对大豆种子的响应曲线图（图 3-5）。由图可知，曲线光滑，无外界因素影响，响应值呈现先上升后下降，5~8s 达到最高值，40~60s 时成分趋于平缓，S7 号（含硫有机物）、S9 号（含硫和氯的芳香族）、S2 号（氮氧化合物）、S6 号（甲烷类）、S8 号（醇类）传感器比其他传感器有更高的电阻率，所测值较高，响应强烈，其余传感器有较低的电阻率，响应较弱。

对 11 份大豆种子电子鼻挥发性物质响应值绘制主成分分析图（图 3-6）。由图可知，第一主成分贡献率和第二主成分贡献率分别是 32.42% 和 47.11%，两者累积贡献率达到 79.53%，11 份材料能有效区分，区分效果较好。同时丹波 1 号、JACK、中黄 35 挥发性香味物质成分较为特殊，单独聚为一类，CAMP、十胜长叶挥发性香味物质非常相似聚为一类，中品 661 和九月爆、黑农 69 聚为一类，翠扇大豆和晋豆 21 以及早熟 1 聚为一类。

利用负荷加载分析法（Loading 分析法）分析得到 10 个传感器贡献程度图（图 3-7），由图 3-7 可知，第一主成分分析贡献率最大的传感器为 W1W（含硫有机物），其次为 W2W（含硫和氯的芳香族）；第二主成分贡献率最大的传感器为 W5S（氮氧化合物），其次为 W2s（醇类）。第一主成分贡献率 77.360%，第二主成分贡献率 20.180%，二者贡献率达到 97.540%，说明不同材料间含硫有机物、含硫和氯的芳香族、氮氧化合物、醇类差异较大。

表 3-5 三种定性鉴定结果的比较

序号	材料名称	来源	粒形	粒色	生长习性	KOH 浸泡法		蒸煮法		豆浆法	
						香 4	非香 7	香 6	非香 5	香 7	非香 4
1	中品 661	北京	椭圆形	黄色	直立	香		香		香	
2	翠扇大豆	江苏	长椭形	黄色	直立	香		香		香	
3	丹波 1 号	山东	圆形	黑色	半直立	香			非香	香	
4	黑农 69	黑龙江	圆形	黄色	直立		非香	香		香	
5	CAMP	美国	圆形	黄色	直立		非香	香		香	
6	十胜长叶	日本	长椭形	黄色	直立	香		香		香	
7	晋豆 21	山西	椭圆形	黄色	直立		非香		非香		非香
8	九月爆	湖北	扁圆形	浓黄色	直立		非香	香		香	
9	早熟 1	山东	椭圆形	黄色	直立		非香		非香		非香
10	JACK	日本	长椭形	黄色	直立		非香		非香		非香
11	中黄 35	北京	圆形	黄色	直立		非香		非香		非香

表3-6　3种方法相关性分析

方法	豆浆法	蒸煮法	KOH 浸泡法
豆浆法	1		
蒸煮法	0.898 **	1	
KOH 浸泡法	0.612 *	0.713 *	1

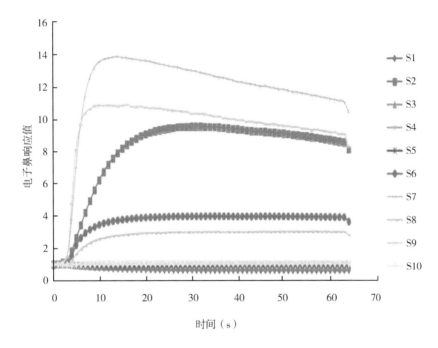

图3-5　大豆种子电子鼻响应信号曲线图

2. GC-MS法鉴定结果

（1）不同大豆品种挥发性香味物质差异分析

利用GC-MS检测11份大豆种子，获得挥发成分的定性和定量结果（表3-7）。由表可知，不同大豆品种香味化合物成分及相对含量不同，主要成分为沉香醇、蘑菇醇、3辛醇、2乙基呋喃、反式2己烯醇、3辛酮、正己醇、己酸、γ-己内酯、（Z）-4-己烯-1-醇、芳樟醇、正己醇、3,5,5-三甲基-2-己烯等13种。

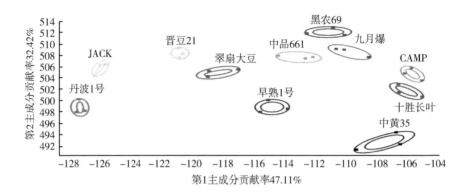

图 3-6　大豆种子的电子鼻 PCA 分析图

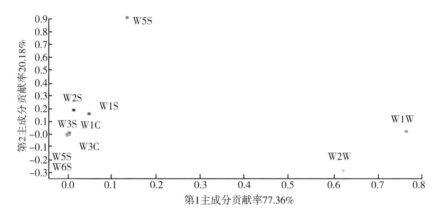

图 3-7　大豆种子的电子鼻 Loading 分析图

（2）11 个大豆品种挥发性香味物质比较

对所得化合物进行分类及相对含量对比分析（表 3-8），大致分为 8 类，50 种化合物，以醇类（21 种）、杂环类（7 种）、酮类（6 种）居多。不同品种中醇类、酮类、醛类、酯类的相对含量较高。其中醇类以 CAMP 相对含量最高（87.950%），丹波 1 号最低（39.980%）；酮类以丹波 1 号最高（30.290%），翠扇大豆最低（3.010%），而十胜长叶不含有酮类；醛类以中品 661 最高（21.130%），丹波 1 号最低（0.640%），十胜长叶、中黄 35、CAMP、JACK、晋豆 21、早熟 1 不含有醛类；酯类以早熟 1 含量最高（4.160%）、十胜长叶最低（0.640%）。其余类型中，酸类以早熟 1 含量最高

表3-7　不同大豆品种挥发性香味组分对比分析

相对含量（%）

成分	中品661	十胜长叶	翠扇大豆	丹波1号	黑农69	中黄35	CAMP	JACK	晋豆21	九月爆	早熟1
蘑菇醇	47.580	24.400	43.570	19.890	21.170	46.990	59.880	31.100	45.530	46.530	38.390
沉香醇	11.910	27.360	25.240	…	8.950	4.900	8.860	20.010	7.670	8.840	10.170
1-己烯-3-醇	0.570	…	…	…	…	…	…	…	…	…	…
反式-2-己烯-1-醇	0.860	1.210	…	0.320	4.200	…	…	…	…	…	…
顺-2-戊烯醇	…	…	…	…	…	…	…	…	…	0.420	…
4-乙基环己醇	…	…	…	…	…	…	…	…	…	0.400	…
（Z）-4-己烯-1-醇	…	…	3.340	4.500	…	5.270	…	…	…	…	…
顺-3-癸醇	…	…	…	…	…	…	1.140	…	…	…	…
反式2-辛烯-1-醇	…	…	1.280	…	…	…	…	…	…	…	…
4-甲基-5-癸醇	…	…	0.780	…	…	…	…	…	…	…	…
苯乙醇	…	…	0.230	…	…	…	…	…	…	…	…
2-乙基己醇	…	…	…	1.470	4.39	…	1.47	…	…	…	…
苯乙醇	0.360	—	0.230	…	0.230	…	…	0.34	…	…	…
1-戊烯-3-醇	…	…	…	…	1.920	…	…	…	…	…	…
苯甲醇	0.150	…	…	0.250	0.190	…	…	…	…	…	…

（续表）

成分	相对含量（%）										
	中品661	十胜长叶	翠扇大豆	丹波1号	黑衣69	中黄35	CAMP	JACK	晋豆21	九月爆	早熟1
3辛醇	…	16.10	0.510	10.490	6.610	23.490	16.600	27.650	29.170	1.530	26.190
B-紫罗酮	1.890	…	…	0.480	…	…	…	…	…	1.270	-
4-[2,2,6]-三甲基-7-氧杂二环	0.710	…	…	…	…	…	…	…	…	…	…
2-戊基呋喃	0.640	…	…	…	…	…	…	…	…	…	…
2乙基呋喃	…	9.760	…	…	7.700	…	…	…	…	…	…
γ-己内酯	…	0.640	…	…	-0.450	…	…	…	…	…	…
3辛酮	…	…	…	27.820	17.500	14.070	9.640	11.740	8.930	…	11.590
1-癸烯-3-酮	…	…	…	1.800	…	…	…	…	…	…	…
茉莉酮	…	…	0.350	0.190	…	…	…	…	…	0.300	0.740
2硝基苯酚	…	…	…	…	…	…	…	0.26	0.2	…	…
丁酸己酯	…	…	…	4.600	…	…	…	…	…	…	…
乙烯基环己烷	…	…	…	1.740	…	…	…	…	…	…	…
甜桦油	…	-	1.240	4.970	…	…	…	…	…	…	…
α-法呢烯	…	…	…	…	…	…	1.030	…	3.430	…	3.180

注："…"代表未检测到。

表3-8　11个大豆品种挥发性香味物质类别及相对含量对比分析结果

种类	化合物数量	相对含量（%）										
		中品661	十胜长叶	翠峁大豆	丹波1号	黑农69	中黄35	CAMP	JACK	晋豆21	九月爆	早熟1
醇类	21	63.550	69.730	77.050	39.980	60.510	83.220	87.950	80.290	83.060	59.110	74.750
酮类	6	8.990	…	3.010	30.290	17.500	14.070	9.640	15.850	8.930	11.980	12.330
醛类	5	21.130	…	10.430	0.64	5.390	…	…	…	…	18.200	…
酸类	3	0.440	…	…	…	2.050	…	…	…	…	…	2.370
酯类	4	…	0.640	…	2.600	1.260	…	…	0.770	…	…	4.160
呋喃类	2	…	0.640	…	2.600	3.310	…	…	0.770	…	…	6.530
烯类	2	…	…	…	…	…	1.160	1.030	…	4.510	1.770	3.570
杂环类	7	1.550	9.760	1.240	4.710	7.700	…	…	…	0.260		
合计	50	95.660	80.770	91.730	80.820	97.720	98.4500	98.6200	97.680	96.760	90.860	93.710

注："…"代表未检测到。

（2.370%），中品 661 含量最低（0.440%），十胜长叶等 8 个材料中不含有酸类；呋喃类以早熟 1 最高（6.530%）、十胜长叶最低（0.640%）；烯类中晋豆 21 含量最高（4.510%）、CAMP 最低（1.030%）。5 份香味材料及非香材料 JACK 不含烯类；杂环类中十胜长叶含量最高（9.760%）、晋豆 21 最低（0.260%）。

（3）主成分分析

PCA 是利用降维方法把多个指标转化为少数几个综合指标的一种多元数理统计方法，保留了原有指标的大多数信息，把复杂的问题简单化。主成分分析得出试验入选的挥发性成分（表 3-9）和相对应矩阵的特征值（表 3-10）。

表 3-9　试验入选的挥发性成分

挥发性物质	主成分 1	主成分 2	主成分 3	主成分 4	主成分 5	主成分 6	主成分 7
蘑菇醇	0.015	0.013	−0.107	−0.117	−0.103	−0.137	−0.204
沉香醇	−0.010	0.046	0.093	0.036	0.337	0.096	0.062
正己醛	−0.016	0.184	−0.040	0.011	0.049	−0.029	−0.051
2 己烯醛	0	0.149	0.115	0.027	−0.050	−0.012	0.061
1 辛烯 3 酮	−0.067	0.226	−0.03	0.018	−0.004	0.161	0.002
β 紫萝酮	0.030	0.121	0.004	0.017	−0.004	−0.026	0.051
正己醇	−0.035	0.024	0.226	−0.014	−0.082	−0.036	−0.012
反，反 2,4-庚二烯醛	0.007	0.154	0.009	0.019	−0.007	−0.024	0.063
反式 2 己烯 1 醇	0.019	0.001	0.21	0.023	0.068	−0.051	0.084
4-[2,2,6-三甲基-7-氧杂二环[4.1.0]庚-1-基]-3-丁烯-2-酮	0.135	−0.062	−0.023	0.007	0.012	−0.03	−0.017
壬酸	0.135	−0.062	−0.023	0.007	0.012	−0.03	−0.017
环辛醇	0.037	−0.011	0.072	0.022	−0.087	0.301	0.032
烯丙基正戊基甲醇	0.135	−0.062	−0.023	0.007	0.012	−0.03	−0.017
苯乙醇	0.049	−0.024	0.049	0.019	0.088	0.237	0.023
3-甲基吡唑	0.135	−0.062	−0.023	0.007	0.012	0.030	−0.017
苯甲醇	0.057	−0.068	0.118	0.000	−0.129	0.001	−0.226
3 辛醇	0.021	−0.156	−0.04	0.023	−0.067	0.093	0.170

（续表）

挥发性物质	主成分 1	主成分 2	主成分 3	主成分 4	主成分 5	主成分 6	主成分 7
（E）−3 己烯 1 醇乙酸酯	0.032	−0.012	0.048	0.361	0.009	0.019	0.074
3,5,5-三甲基 2 己烯	0.042	−0.110	0.053	0.390	0.031	0.041	0.049
4 己烯−1 基酯丁酸	0.029	0.005	0.053	0.390	0.031	0.041	0.049
β 紫萝酮	−0.019	−0.060	−0.090	−0.031	−0.007	−0.014	−0.484
2 乙基呋喃	0.032	−0.029	−0.044	−0.005	0.381	−0.141	−0.018

表 3-10 试验相关矩阵特征值

主成分	特征值	差值	累积贡献率
1	11.621	38.738	38.738
2	5.290	17.635	56.373
3	3.226	10.755	67.128
4	4.890	9.431	76.559
5	4.119	7.062	83.621
6	1.759	5.865	89.486
7	1.663	5.544	95.030

　　对 11 份大豆材料的挥发性物质进行主成分分析得表 3-9、表 3-10，可知 7 个主成分的累积贡献率可达 95.03%。在第 1 主成分，4-[2,2,6-三甲基-7-氧杂二环[4.1.0]庚-1-基]-3-丁烯-2-酮、壬酸、烯丙基正戊基甲醇贡献率最大，指向单萜类物质；在第 2 主成分，正己醛、1 辛烯 3 酮、2, 4-庚二烯醛贡献率最大，指向酮类物质；在第 3 主成分，正己醇、反式二己烯 1 醇、苯甲醇贡献率最大，指向醇类物质；在第 4 主成分（E）−3 己烯 1 醇乙酸酯、3,5,5-三甲基 2 己烯、4 己烯−1 基酯丁酸贡献率最大，指向烯萜类氧化衍生物；在第 5 主成分，沉香醇、2 乙基呋喃贡献率最大，指向醇类物质；在第 6 主成分，环辛醇、苯乙醇贡献率最大，指向醇类物质；在第 7 主成分中苯甲醇贡献率最大指向醇类物质；大豆叶片的主要香味成分可以综合成以下几项指标：醇类、酮类、单萜类物质、烯萜类氧化衍生物等，这几项指标可以用来评价大豆香味成分的组成。因此不难发现：醇类所占大豆叶片香味成分比例最高，且单萜类物质占绝大多数。

（4）聚类分析

对 11 份材料的香味挥发性物质采用平均联接法根据样本分类之间的相似性进行组间系统聚类，如图 3-8 所示，欧氏距离≥15 时，样本被聚类为 3 类，中品 661、九月爆、翠扇大豆聚为一类，晋豆 21、早熟 1、中黄 35、JACK、CAMP 聚为一类，十胜长叶、丹波 1 号、黑农 69 聚为一类。

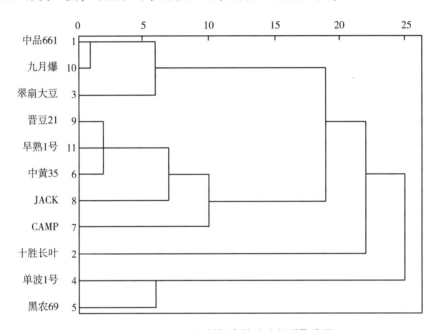

图 3-8　不同大豆材料挥发性香味物质聚类图

（5）香味材料与非香材料香味挥发性物质的比较

为进一步分析香与非香材料不同有机物的差异，取 3 份五种方法鉴定为香的材料即翠扇大豆、中品 661、十胜长叶和 3 份五种方法鉴定为非香的材料即中黄 35、早熟 1，晋豆 21 对其各类成分进行分析（图 3-9）。结果表明，非香的大豆材料醛含量以及醇含量差异极显著。香的大豆材料含有杂环化合物，而非香的不含有。结合主成分分析的试验入选的香味成分，本研究初步认为醛类中的正己醛、醇类中的反式二己烯 1 醇、2 乙基呋喃，沉香醇在种子的香味物质中起着关键作用。

3.5 种方法的比较

从材料的损伤度、鉴定时间、人数、鉴定量、性质、灵敏度、复杂度以及费用和评价特性对五种鉴定大豆香味材料的方法进行比较（表 3-11），定性方

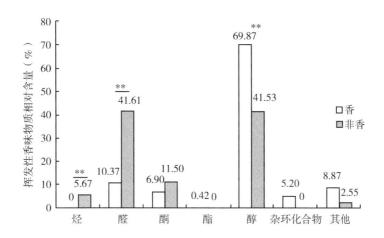

图 3-9　香和非香大豆挥发性香味物质成分的比较

法操作步骤简单，成本低，但较为耗费人力、灵敏度一般，较为主观，易受评价员及样本数量的限制、定量法鉴定速度较慢，操作步骤复杂，但是成本高。由于 5 种方法各有利弊，在实际中，可以定性、定量法结合对大豆种子香味表型进行鉴定，以提高鉴定结果的可靠度。

三、讨论

香味是由动植物生长过程中合成，不需要任何外界条件，经过体内化学物质发生变化产生香味物质，使成熟后显现出来的成分。香味性状是复杂的品质性状，受基因、栽培条件、外界环境等较多因素的影响，不同大豆品种其挥发出的香味物质不尽相同。

本研究借鉴香稻香味的快速鉴定方法—KOH 浸泡法对不同大豆材料的香味进行了鉴定。KOH 鉴定法取材方便，方法简单、快速，且成本低廉。鉴定结果表明不同大豆叶片 KOH 浸泡后香型不同，有的表现出焦香，有的表现出茶香，有的表现出稻米香，有的表现出苦杏仁味、薄荷味，大多表现出青草味，说明控制大豆香味的基因不同。通过蒸煮法和豆浆法进行品尝，发现KOH 法与蒸煮法及豆浆法有一定的相关性，说明该方法可以用于实践中对大豆叶片香味进行初步筛选。特别是对于大豆叶及其副产品作为天然畜牧饲料时，如能选取香味大豆叶作为原料将会提高饲料香味从而提高生产性能。因此积极筛选开发大豆中的香味材料以用于动物饲料对人类农业生产具有极其重大

表 3-11 五种方法的比较

项目	方法	材料	损伤度	鉴定时间 /（h/样）	鉴定的样品量（次）	鉴定人数（人）	性质	灵敏度	复杂度	费用	评价特性
1	KOH 法	叶片	有损	0.5	10	10~30	定性	一般	简单	低	主观
2	蒸煮法	种子	有损	1	10	10~30	定性	一般	较简单	较低	
3	豆浆法	豆浆	有损	1	5	10~30	定性	一般	较复杂	较低	
4	电子鼻法	种子	无损	1.5	无限制	1	定量	好	简单	较高	
5	GC-MS 法	豆粉	有损	2	无限制	1	定量	较好	复杂	高	客观

的意义。本研究也发现该方法容易受到内外环境的影响，如湿度、温度、气味、浸泡时间、个人喜好、鉴定人数、鉴定时间等，从而导致鉴定结果不稳定，主观性颇大，需要多人多次重复鉴定方可避免。说明大豆的香味比香稻的香味更为复杂。蒸煮法、豆浆法比较耗时，且蒸煮法容易受种子大小以及种子吸水量影响从而影响香味的鉴定结果。因此，3 种方法均属于定性检测方法，费用较低，步骤简单，但均容易受主观因素（人的爱好、人数等）以及客观因素（温度、湿度等）的限制。

电子鼻法和 GC-MS 法属于定量检测方法。电子鼻法可以在种子无损的情况下定量测定，用时短，灵敏度好（赵婧，2015），测定简单，费用较低，较定性法鉴定结果客观。电子鼻法技术结合 PCA 分析法或 Loading 法在一定程度上能够将不同大豆香型进行区分，且 Loading 法能够对不同成分的含量进行初步估计，将材料香型进行归类，但不足之处是材料增多时，会产生材料挥发性物质聚集而无法对材料进行分类。GC-MS 法灵敏度高，可获得大量香味物质且能定量，但费用稍微昂贵（郭永跃等，2021）。大豆叶片的主要香味成分可以综合成单萜类物质、烯萜类氧化衍生物、醇类和酮类等几项指标。结合主成分分析获得的试验入选的香味成分，本研究初步认为醛类中的正己醛、醇类中的反式 2 己烯 1 醇、2 乙基呋喃，沉香醇在种子的香味物质中起着关键作用。

第二节　大豆香味精准鉴定方法的建立及应用

大豆是主要粮食作物之一，由于其本身及其制品具有丰富的营养价值、药用价值和特殊的风味、口感，备受消费者喜爱（王小名，1998）。不同大豆品种由于所含成分及成分含量不同而香味不同，随着人们生活水平的提高，人们对食味品质等要求越来越高，积极开发和利用富含香味大豆具有重要意义。

香味是植物育种最具挑战的植物特征之一，由于其成分体系非常复杂，在许多香味育种中，通常采用主观的感官方法，如大米香味的鉴定，多采用小瓶中煮沸种子然后咀嚼鉴定或 KOH 浸泡叶片后嗅味等鉴定法（Wanchana 等，2005）。在大豆中，也报告了类似的香味评估方法（AVRDC，2002 年）。然而，这些方法有局限性，例如不能处理大量样品、费时费工，易受鉴定人员感官差异的影响，鉴定结果差异较大。进一步提高化学和仪器分析方法以有效评价大量香味大豆的香味含量也是非常重要的。因此，后来采用了挥发性组分的定量分析方法，首先对样品进行加热提取挥发性组分，如溶剂加热提取、蒸馏提取、超临界流体提取等，然后采用 GC-MS 对提取的化合物进行分析。气相色谱法分析样品，由于其稳定性和可定量结果，已被应用和广泛使用。这种方法非常有效（Fushimi 等，2001；Masuda，1991；Plonjarean 等，2007；Wu 等，2009；Widjaja 等，1996；Yoshihashi 等，2002）。然而加热方法费时费事，需要较多的样品处理步骤和提取溶剂，不适合大量样品的鉴定

近年来，很多遗传学及化学方法研究表明大豆的香味是由 2-AP 决定。2-AP 是一种类似爆米花香的挥发性化合物，分子式为 C_6H_9NO，分子量较低为111.14176，沸点为 182.9℃（在 101.08kPa），这种香味成分存在于各种植物（Widjaja 等，1996；Yoshihashi 等，2002）、动物（Brahmachary 等，1990）、微生物（Adams 等，2007；Snowdon 等，2006）及其产品中（Schieberle，1991，Buttery 等，1983）。鲜食大豆"Dadachamame"和"Chakaori"含有与香米类似的香味，如茉莉和印度香米（Fushimi 等，2001）"Dadachamam"的香味来源于 2-AP，与稻米香的香味成分相同（Buttery 等，1983）。研究也表明 2-AP 是香味大豆的主要特征成分，且高含量的 2-AP 与高浓度的甲基乙二醛和 δ1-吡咯啉-5-羧酸盐有关（Wu 等，2009）。含有 2-AP 的芳香大豆同时缺乏甜菜碱脱氢酶活性（Arikit 等，2010）。测序分析发现该基因的外显子 10 缺失导致该酶提前终止表达，促使 2-AP 的合成。用 GC-MS 检测日本大豆，发现正己醛（0.91%）、1-己醇（1.79%）是大豆最丰富的风味物质，但也存在微量 2-AP（Plonjarean，2007）。但是 2-AP 的化学性质易为氧化、挥发且不稳定、豆类中含量又极低（mg/L 级），使定量检测难度增加。顶空气相色谱法（HS-GC）可用于测定香稻香味成分（Sriseadka 等，2006）。科研人员以鼓粒期大豆种子为材料，利用 HS-GC 通过内标物质 2,4-二甲基吡啶（DMP）测定了大豆 2-AP 浓度并结合感官对香味进行了评价（Juwattanasomran 等，2011）。目前，仅仅有 5 份材料被报道含有 2-AP，如 Chamame（0.5795mg/L，Japan）、Kouri（0.5837mg/L，Japan）、Kaori hime（1.16mg/L，Japan）、Yuagari musume（1.0085mg/L，Japan）、Fukunari（0.6094mg/L，Japan），是否还有其他含有 2-AP 的香味大豆材料还未被鉴定。另外，上述测定方法存在操作繁琐，样品需要量大、有机溶剂耗费多、成本高等缺点。

本研究建立了测定香味的 GC-MS 外标法，避免了上述方法的缺点，提高了香味鉴评结果的准确性、可靠性和鉴定效率，为大豆香味鉴评结果由"语言描述主观型"向"数值定量客观型"转变提供了技术基础。同时，利用该方法鉴定不同生态区 101 个种质，获得了 2-AP 含量丰富的香味种质，为大豆

香味品种遗传改良奠定了材料和技术基础。

一、材料与方法

（一）试验材料

田间试验于中国农业科学院作物科学研究所海南试验地进行。以已知香型的材料 Kaorihime（香）、CM60（非香）为对照，选取来自国内外大豆（中国、日本、泰国、美国、波兰）代表性种质共 101 份，包括中国大豆种质 93 份（包括北方生态区 36 份、黄淮海生态区 28 份、南方生态区 29 份），引进种质 8 份包括日本大豆种质 1 份，泰国大豆种质 1 份，美国大豆种质 5 份、波兰大豆种质 1 份表 3-12。每份种质种植单行区，行长 2m，行距为 45cm，株距为 20cm，三粒点播，待出苗后间苗保留一株，田间管理和当地大田生产管理方法相同，为防止边缘效应，外设 4 行保护行，待出苗期 45 d（约 7 月中旬）时，采集顶端叶片并于 4℃冰箱保存，或成熟期收获种子，利用 GC-MS 测定 2-AP 含量。

表 3-12　101 份大豆品种资源名称（编号）及来源

来源	品种	份数
中国北方区	中龙 608，黑农 88，哈 13-2958，黑农 82，吉育 21，通化平顶香，吉育 701，争光 1 号，六十白豆，东农 48，龙垦 316，杜士大青豆，绥农 79，王庄黑豆，黑荚子，合丰 30，冀 NF58，白皮豆，长春满仓金，黑豆，五星 2 号，天隆一号，北豆 36，东辽克霜，早熟 1，牛眼睛，小粒黄，大黄豆<1>，绥农 1 号，黑农 2 号，油黄豆，包公豆，北丰 16，合丰 57，合丰 51，四粒黄	36
中国黄淮海区	民权牛毛黄，七月炸，徐豆 23，中科毛豆 2，郑州大籽青豆，商豆 6 号，齐黄 39，皖豆 33，齐黄 42，沁阳水豆，汝南平顶式，齐黄 35，瑞豆 1 号，商豆 14，商豆 151，睢宁黄墟大豆，大青皮豆，西峡小籽黄，灵宝白荆豆，中黄 14，冀豆 15，九月寒，中黄 20，息县平顶式大豆，齐黄 34，宁陵天鹅蛋，红面豆，黄豆	28
中国南方地区	黄毛豆-3，细黄豆-9，腐身豆，浙鲜豆 2 号，六月白，坡黄，英山大粒黄，湘春豆 24，猴子毛，黄陂八月渣，桂夏豆 2 号，严田青皮豆，贡豆 10 号，如皋刺鱼头儿丙，青皮青仁，九月拔，南农大红豆，茶黄代豆 1，天门大籽黄，山白豆，黄陂扇子白，奉贤穗稻黄，鄂豆 2 号，浙鲜豆 3 号，柳城十月黄，苞谷黄-8，赣豆 2 号，句容小子黄，九月白毛	29
引进（日本、泰国、美国和波兰）	Kaorihime，CM60，PI509100，PI398682，PI416762，Essex，PI561395，Dunajka	8

（二）试剂及仪器

1. 试剂

HPLC 乙醇（上海安谱实验科技股份有限公司，HPLC）、2-乙酰-1 吡咯啉（CDDM-A187225-10mg）；Na_2SO_4（分析纯，CAS#7757-82-6，中国），NaCl（分析纯，CAS#747-14-5，中国）

2. 仪器

气相色谱质谱联用（日本岛津，GCMS-QP2010 Plus），数控功率可调型超声波清洗机（深圳市洁盟超声波清洗机有限公司，Jp-040ST）。

（三）试验方法

1. 2-AP 鉴定方法

（1）标准储备液的配制

将 2-AP 标准品 10mg 溶解于 100mL 无水乙醇中，配置成 1 000mg/L 的储备液，置于 4℃ 冰箱中保存备用。

（2）标准溶液的配制

利用逐级稀释的方法将标准储备液分别配制成 4mg/L、2mg/L、1mg/L、0.5mg/L、0.25mg/L 的标准溶液，用一次性注射器吸取 1mL，并用 25μm 滤膜过滤于气质小瓶中（32mm×11mm）编号，置于样品瓶中并编号，旋紧盖子密封待用。

（3）样品的制备

挑选完整的成熟大豆种子 15 粒于磨样机 Tube mill100 control S025，12 000r 运行 6min。磨粉时注意先用液氮预冷离心管，转速不宜设置太高，防止机器发热使 2-AP 挥发，之后过 60 目筛，将取得的豆粉置于盛有 10mL 离心管中。或取大豆开花期顶部叶片 2~3 片，准确称取 0.4g，用剪刀剪碎成直径为 2cm 大小的形状，置于盛有 1.5mL 酒精的 10mL 离心管中，用漩涡混合器（型号：XH-C）振荡混匀数分钟后超声萃取 20min，静置 2 h 后于低温离心机 4℃ 12 000r 离心 10min，用一次性注射器取 1mL 上清并用 25μm 滤膜过滤于气质小瓶中（32mm*11mm）编号，旋紧盖子密封待用。

（4）GC-MS 2010 色谱质谱条件

色谱柱为 DB-WAX 毛细管柱：30m×0.18mm×0.25μm，柱温升温程序为 60℃ 保持 2min，10℃/min 升至 100℃，然后以 30℃/min 升至 230℃，保持 5min；进样口压力为 78.0kPa，进样口温度为 180℃；载气为高纯（纯度>99.999%）氦气；恒压不分流进样，进样量为 1μL。MS 条件：电子轰击（EI）离子源，离子源温度为 200℃；离子化能量为 70 eV；接口温度为

180℃；检测器电压为 0.1 KV，全扫描方式，扫描范围为 m/z 35~500。

（5）定性分析

2-AP 的定性分析采用 NIST 库检索。以 1mg/L 为试材，按照上述 GC-MS 条件进行 Scan 扫描监测 2-AP，获得总离子流图，对所得峰积分并相似度检索，确定 2-AP 的出峰时间。

（6）定量分析

2-AP 出峰时间的确定及标准曲线的绘制：按照 GC-MS 条件建立 sim 方法，设置离子碎片 83 为目标离子、69 和 111 为参考离子，以 2-AP 出峰时间为标准分析标准品，将标准溶液按照浓度从低到高排列，放于样品盘中，每一浓度进样 3 针，按其所得峰面积的平均值为纵坐标，对应的标液浓度为横坐标拟合标准曲线。待测样品得到峰面积后利用得到的标准曲线计算 2-AP 浓度。

（7）萃取优化试验方案

气质分析中，GC 的柱温、MS 的进样口温度会影响样品的出峰时间及测试效果，因此以争光 1 号叶片为试品利用单因素的实验方法对仪器柱温（梯度设置为：60℃、70℃、80℃）及 MS 进样口温度（梯度设置为 170℃、180℃、190℃）进行调整；酒精的含量、NaCl 的含量、超声时间、萃取时间均会影响样品 2-AP 的测试效果（如峰面积、保留时间、峰形等），因此把这 4 个因素同时作为考查因素，利用正交实验方案：4 因素 3 水平 9 次实验的正交实验表 L_9 (3^4)（表 3-13），对 4 个因素及 3 个水平：NaCl（0.1g、0.2g、0.3g）、酒精（1mL、1.5mL、2mL）、萃取时间（1h、1.5h、2h）、超声时间（10min、20min、30min）进行考查，确定测定 2-AP 挥发物质的最佳 GC-MS 分析条件。

表 3-13　优化试验设计的因素和水平

因素分类		A（mL）	B（mL）	C（h）	D（min）	水平组合
	1	0.1	1	1	10	A1B1C1D1
	2	0.1	1.5	1.5	20	A1B2C2D2
	3	0.1	2	2	30	A1B2C1D1
	4	0.2	1	1.5	30	A1B2C2D2
试验号	5	0.2	1.5	2	10	A1B2C1D1
	6	0.2	2	1	20	A1B2C2D2
	7	0.3	1	2	20	A1B2C1D1
	8	0.3	1.5	1	30	A3B2C1D3
	9	0.3	2	1.5	10	A3B3C2D1

注：A. NaCl；B. 酒精；C. 萃取时间；D. 超声时间。

（8）仪器精密度及方法精密度试验

验证仪器的精密度：取争光 1 号为样品按选定的色谱条件重复进样 6 次，得到 2-AP 的峰面积，计算其相对标准偏差；方法的精密度：取争光 1 号为样品，进行 4 次平行测定，得到 2-AP 的峰面积，计算其相对标准偏差；评价仪器及方法的精密度。

2. 统计分析

利用 Microsoft Excel 2013 计算每一份大豆种质 2-AP 含量的平均值、标准差、最大值、最小值、变异幅度和变异系数，进一步对试验材料进行分级，分级标准为：先计算出参试品种 2-AP 的总体平均数（x_i）、参试样品 2-AP 含量的平均值（x）、标准差（σ），然后从第 1 级 $[x_i \geq x + \sigma]$，第 2 级 $[x_i \geq x + 0.1\sigma]$，第 3 级 $[x_i < x]$ 划分为 3 级，每一级中观察个体数相对于总个数的比例用于计算多样性指数，计算公式：$H' = -\sum n_i = Pi\ln P_i$，式中：$n$ 为 2-AP 性状表型级别的数目，P_i 为 2-AP 性状第 i 级别内个体数占总个数的比值，ln 为自然对数。

3. 2-AP 分型方法

依据 *BADH*2 基因外显子 10 中缺失 2-bp 开发的 InDel 标记设计上、下游引物，分别为：Gm2-AP 正向（5′GGTCAGATGCAGTGCAAC3′）和 Gm2-AP 反向（5′TTGACCATTCACAT3′）。聚合酶链反应和聚丙烯酰胺凝胶电泳分析条件与 Arikit S 等人报告的条件相同（Arikit 等，2010）。

二、结果与分析

（一）对照设置

由于测定物质为挥发性物质，因此试验过程尽量避免使用塑料等有气味的制品。对于样品瓶及其他玻璃器皿清洗方法为：用酒精及毛刷清洗干净，超声 20min，超纯水洗涤 1 次，超声 1 次，酒精清洗 2 次，超声 2 次，40℃烘干待酒精完全挥发备用。每次试验都放置空瓶及 1mg/L 标准品做对照用于校正仪器。

（二）2-AP 出峰时间的检测及标准曲线的绘制

以标准品 1mg/L 为试材，按照 GC-MS 条件进行 Scan 扫描，获得 GC-MS 总离子流色谱图（图 3-10），对所得的峰积分并通过 NIST 谱库检索 2-AP 标准质谱图，确定 2-AP 的出峰时间为 7.014，通过积分和相似度检索知该物质为 2-AP，与谱库 2-AP 相似度为 91%（图 3-11）。利用 sim 方法，分析不同浓度梯度标准品的峰面积，按其所得峰面积的平均值为纵坐标，对应的标液浓度为横坐标拟合标准曲线（图3-12），计算出回归方程为 $y = 115\,373\,x + 1\,483.1$ 和相关系数 $R^2 = 0.9998$，说明回归方程拟合效果好，线性相关程度好，可用于定量。

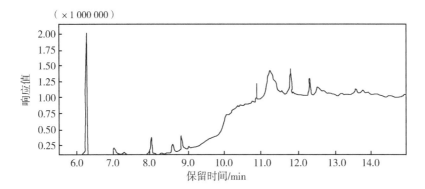

图3-10　1mg/L 标准品 scan 扫描总离子流图

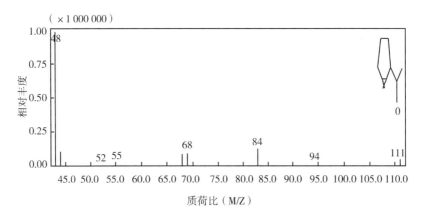

图3-11　Nist 谱库离子碎片表

（三）单因素比较

1. 柱温对挥发物总峰面积及出峰个数的影响

以争光1号叶片为样品，固定进样口温度为180℃，另外基于柱温的设置一般比萃取试剂低13℃左右的要求，本试验所用试剂为酒精，其沸点为78℃，设置柱温梯度为50℃、60℃、70℃，分析其对挥发物出峰时间、峰面积及峰

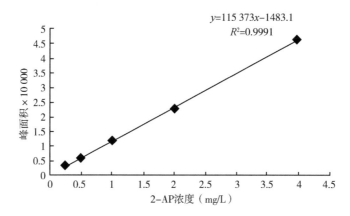

图 3-12 不同 2-AP 浓度标准品建立的 2-AP 标准曲线

形的影响（图 3-13）。由图 3-13 可知，柱温为 50℃ 时，样品出峰时间为 7.067，峰面积为 9 551，观察其峰宽较宽，不圆滑，峰与峰之间的间距小，不易分开。柱温 60℃ 时，样品出峰时间为 6.997，峰面积为 20 354，约为 50℃ 时的 4.1 倍，观察其峰形圆滑，峰底较平。柱温 70℃ 时，样品出峰时间提前为 6.828，峰面积为 19 342，比 60℃ 有所减少，约为 60℃ 的 0.95 倍，峰宽变窄。由此可知，样品随着柱温升高，运动和富积速度均会增加，减少了目标物

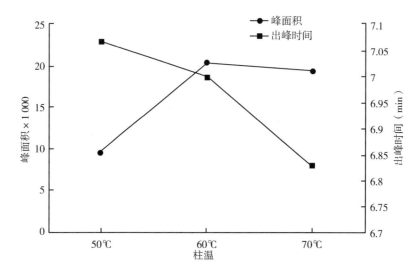

图 3-13 柱温对出峰时间及峰面积的影响

在萃取试剂中的溶解时间，会使挥发物出峰时间缩短，减少分析时间，但是过高的温度会影响待测物质萃取的平衡，导致样品峰宽变窄。因此，本研究拟采用60℃作为最佳柱温。

2. 进样口温度对挥发物总峰面积及出峰个数的影响

以争光1为样品，固定柱温为60℃，另外基于本研究物质为2-AP，沸点为184.9℃，DB-WAX柱最高使用温度为250℃，为了保证其瞬间气化不分解且不超过柱子使用最高温度，进样口温度梯度设置为150℃、180℃、210℃，分析其对挥发物出峰时间、峰面积及峰形的影响（图3-14）。由图3-14可见，进样口温度为150℃时，样品出峰时间为7.004，峰面积为8 880，观察其峰宽较宽。柱温为180℃时，样品出峰时间为7.006，峰面积为21 421，约为150℃时的4.4倍，观察其峰形圆滑，峰底平齐。柱温为210℃时，样品出峰时间为7.008，峰面积为19 870，峰面积比60℃时有所减少，但降低幅度不大，峰宽变窄。因此本研究采用180℃为进样口温度。

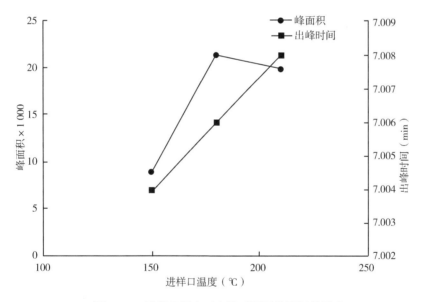

图3-14 进样口温度对出峰时间及峰面积的影响

（四）正交试验结果及分析

在单因素测试基础上，开展了4因素3水平的正交试验 $L_9(3^4)$（表3-14）。

表 3-14 2-AP 提取正交试验结果

因素分类	A（氯化钠）（g）	B（酒精）	C（萃取时间）	D（超声时间）	保留时间	出峰面积
1	0.1	1	1	10	6.997	21 421
2	0.1	1.5	1.5	20	6.990	9 818.5
3	0.1	2	2	30	6.990	7 633.5
4	0.2	1	1.5	30	6.998	17 183.5
5	0.2	1.5	2	10	6.991	13 492
6	0.2	2	1	20	6.990	8 009.5
7	0.3	1	2	20	6.992	14 521.5
8	0.3	1.5	1	30	6.993	8 891
9	0.3	2	1.5	10	6.989	5 560
K1	16 825.17	17 708.67	12 773.83	13 491.00		
K2	12 895.00	10 733.83	10 854.00	10783.17		
K3	9 657.50	7 067.67	11 884.33	11236.00		
R	7 167.67	10 641.00	1 919.83	2 707.83		

注：ki 表示任意列上水平号为 i 时所对应的试验结果之和，R 表示极差

由表 3-14 可知，在柱温 60℃，进样口温度为 180℃时，不同组合出峰时间变幅在 6.989~6.998min，均在误差允许范围内（保留时间±0.1min）。极差分析属于直观分析。正交试验对峰面积影响的极差（R 值）分析结果可以看出，以峰面积为考察指标，各因素对萃取效果影响的大小顺序为酒精量 B>NaCl 量 A>超声时间 D>萃取时间 C；其中 NaCl 量对峰面积影响力排序为：A1（0.1g）>A2（0.2g）>A3（0.3g），酒精量对峰面积影响力排序为：B1（1mL）>B2（1.5mL）>B3（2mL），萃取时间对峰面积影响力排序为：C1（1mL）>C3（2mL）>C2（1.5mL），超声时间对峰面积影响力排序为：D1（10min）>D3（30min）>D2（20min）；因此得出以大豆叶片为材料，GC-MS 进样的最佳萃取条件组合为 A1B1C1D1 即：0.1g NaCl、1mL 酒精、萃取时间 1 h、超声时间 10min。4 个因素的主次关系依次为：酒精量>NaCl 量>超声时间>萃取时间。

由表 3-15 方差分析可知，影响因素中酒精的含量 B、NaCl 的含量 A、超声时间 D 对提取 2-AP 具有极显著的影响，而萃取时间 C 这个因素对其影响较小。4 个因素的主次关系是：酒精量>NaCl 量>超声时间>萃取时间，该结果与

极差分析结果相同。

表 3-15　正交试验对峰面积影响的方差分析

	因素	偏差平方和 SS	自由度 f	均方 MS	F 值	显著性
A	NaCl	18 230 830	2	9 115 415	9.006	0.002
B	Alcohol	74 791 390	2	37 395 695	36.947	0.00001
C	Extraction time	1 542 098	2	771 049	0.762	0.481
D	Ultrasonic time	14 670 660	2	7 335 330	7.247	0.005
误差		18 218 808	18	1 012 156		

（五）精密度分析

（1）仪器的精密度

取争光 1 号为样品，按选定的最佳色谱条件及样品处理方案重复进样 6 次，其 2-AP 含量分别为 0.398mg/L、0.387mg/L、0.395mg/L、0.388mg/L、0.396mg/L、0.389mg/L，其平均值为 0.392mg/L，相对标准偏差（RSD）为 1.20%，说明仪器重复性满足要求。

（2）方法的精密度

取争光 1 号为样品，按选定的最佳色谱条件及样品处理方案进行 4 次平行测定，2-AP 含量分别为 0.398mg/L、0.404mg/L、0.410mg/L、0.402mg/L，平均值为 0.404mg/L，相对标准偏差（RSD）为 1.23%，表明方法精密度高。

（六）稳定性试验

选取争光 1 号为样品，按选定的最佳色谱条件及样品处理方案于 0h、1h、2h、4h、8h、12h 进行色谱分析，利用建立的标准曲线计算 2-AP 含量，结果 2-AP 含量的相对标准偏差为 0.12%，表明供试样品在 12h 内稳定性较好，不会分解，可实现稳定检测。

（七）加标回收试验

精密称取争光 1 号样品 9 份，每份为 0.4g，分别加入相当于样品中 2-AP 含量的 80%、100%、120%3 个梯度的 2-AP 溶液各 3 份，按照选定的最佳色谱条件及样品处理方案制备样品并进行色谱分析，利用建立的标准区间计算 2-AP 含量及回收率。计算所得 2-AP 的平均回收率分别为 96.16%，98.55%、98.24%，相对标准偏差（RSD）均小于 8.07%，表明检测方法的精确度良好（表 3-16）。

表 3-16　2-AP 加标回收试验数据

叶片质量	样品中2-AP质量（μg）	加入标准品含量（μg）	实际测得含量（μg）	回收率（%）	RSD（%）	平均回收率（%）
0.401	0.265	0.200	0.404	94.50		
0.400	0.263	0.200	0.452	94.50	8.07	96.16
0.402	0.271	0.200	0.474	101.5		
0.402	0.278	0.300	0.576	99.33		
0.403	0.276	0.300	0.564	96.00	1.21	98.55
0.402	0.266	0.300	0.576	103.33		
0.406	0.269	0.360	0.615	96.11		
0.404	0.302	0.360	0.667	101.39	4.12	98.24
0.405	0.281	0.360	0.634	97.22		

（八）大豆种子和叶片香味的相关性分析

对 30 份有代表性的大豆种子和叶片的 2-AP 含量进行相关分析（表 3-17）。以香型大豆（Kaorihime）和非香型大豆（CM60）为对照。结果表明，大豆种子 2-AP 含量与叶片呈极显著正相关（$r=0.760$）（$P<0.01$）。在测量大量样品时，大豆种子磨成粉末比叶片更困难，选择叶片作为样品更节约时间。因此，在选择大豆香味材料时，本实验选择大豆叶片作为试验材料。

表 3-17　30 份代表性大豆基因型叶片和种子的 2-AP 含量

基因型	叶片（mg/L）	种子（mg/L）	基因型	叶片（mg/L）	种子（mg/L）
Kaorihime	0.360	0.620	CM 60	0.094	0.051
齐黄 34	0.424	0.648	齐黄 42	0.175	0.061
通化平顶香	0.441	0.503	大黄豆	0.172	0.053
中龙 608	1.816	1.043	PI561395	0.261	0.062
哈 13-2958	1.465	0.737	Dunajka	0.184	0.053
红面豆	1.213	0.535	瑞豆 1	0.182	0.050
争光 1 号	0.403	0.765	浙鲜豆 3	0.181	0.055
黑农 88	0.364	0.649	四粒黄	0.150	0.063

（续表）

基因型	叶片 （mg/L）	种子 （mg/L）	基因型	叶片 （mg/L）	种子 （mg/L）
黄毛豆	0.610	0.533	民权牛毛黄	0.150	0.055
细黄豆-9	0.396	0.160	中科毛豆2	0.154	0.064
PI561395	0.261	0.062	包公豆	0.158	0.058
Dunajka	0.184	0.053	油黄豆	0.159	0.054
浙鲜豆3	0.181	0.055	齐黄39	0.170	0.070
黑夹子	0.234	0.543	苞谷黄-8	0.172	0.055
六十日白豆	0.361	0.150	九月白毛	0.149	0.052

（九）GC-MS法鉴定大豆香味物质2-AP的应用

1. 不同大豆种质2-AP含量的变异

不同地理来源的101份大豆种质2-AP含量存在广泛的遗传变异，变异幅度为0.094~1.816mg/L，平均含量为0.29mg/L，变异系数为0.95，遗传多样性指数为0.54。方差分析结果表明品种间2-AP含量存在极显著差异（表3-18）。

表3-18 不同大豆品种2-AP含量的方差分析

变异来源	自由度	平方和	均方	F 值	P 值
品种	98	22.77	0.23	1065.86	<0.0001
误差	198	0.04	0.00022		
总计	22.8149	296			

按照分级标准，参试的101份大豆划分成3个等级。1级香味材料共有7份，2-AP含量前3位从高到低是黑龙江农科院育成品种中龙608、哈13-2958、红面豆，含量分别为1.816mg/L、1.465mg/L、1.213mg/L；位列第4的品种是黑龙江的品种为黑农82（0.913mg/L）、位列第5、第6的品种为贵州余庆的黄毛豆和吉林的吉育21，含量分别为0.610mg/L、0.571mg/L。2级材料共有12份，2-AP含量排名前3的品种包括河南宁陵的宁陵天鹅蛋、山东的齐黄34、吉林通化的通化平顶香，2-AP含量分别为0.516mg/L、0.424mg/L、0.441mg/L、其次为吉林的吉育701、河南息县的息县平顶式大豆、中国农

科院的中黄 20 及吉林省永吉县的争光 1 号含量分别为 0.427mg/L、0.424mg/L、0.423mg/L、0.403mg/L，贵州织金的细黄豆-9 及浙江三门的腐生豆、山西翼城的六十日白豆、陕西山阳的九月寒含量分别为 0.396mg/L、0.362mg/L、0.361mg/L、0.335mg/L；其余为 3 级材料，含量最低的品种是黑龙江齐齐哈尔地方材料四粒黄，含量为 0.150mg/L。

2. 利用已知功能标记对大豆种质基因分型

通过聚丙烯酰胺凝胶电泳，利用前人报道的分子标记 Gm2-AP 对 101 份大豆种质进行了基因型分析（图 3-15）（Arikit 等，2010）。结果表明，只有大黄豆同对照香味材料 Kaorihime 有相同的基因型。进一步通过测序表明 *BADH*2 基因在第 10 外显子区存在 2bp 缺失不存在 SNP 或 InDel。但其 2-AP 含量仅为 0.172mg/L 并不高，属于二级材料，而其他高含量材料却不存在 2bp 缺失表明高含量的 2-AP 有可能不是由 2bp 缺失控制，有可能存在控制高含量 2-AP 的新基因。

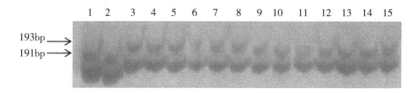

注：用分子标记 GM2-AP 检测 101 份材料 *BADH*2 基因第 10 外显子 2bp 缺失；1. Kaorihime；2. 大黄豆；3. CM 60；4. 争光 1 号；5. Ha 13-2958；6. 红面豆；7. 黑农82；8. 吉育 21；9. 通化平顶香；10. 齐黄 43；11. PI561395，12. Dunajka；；13. 中龙608；14. 黑农 88；15. 黄毛豆

图 3-15　部分香味材料 GM2-AP 电泳检测结果

三、讨论

2-AP 测定方法快速、简便、毒性小、适合大批量筛选。本研究通过单交和正交实验法，以峰面积及峰形为依据，确定了测定 2-AP 的最佳分析条件。该法具有以下特点：（1）快速。本研究 2-AP 出峰时间为 7min 左右，较 Ju-wattanasomran、Ariki 等所用方法缩短 5.5min（Juwattanasomran 等，2011；Arikit 等，2010），有利于 2-AP 的大批量筛选。（2）涉及萃取试剂种类少且毒性小本方法所用到的试剂仅为色谱级酒精，其他固相微萃取方法至少两种试剂如酒精和二氯甲烷（应兴华，2010；张赟彬，2009）或为有毒试剂如乙醚

（张赟彬等，2009）。（3）简单、易操作。前人利用蒸馏萃取装置获得2-AP，或利用加入内标的方法控制仪器的稳定性（黄忠林等，2012；Arikit 等，2010），本研究不需要蒸馏萃取装置就可检测到低浓度的2-AP，只需要通过1mg/L 标准品及空瓶或每隔 10 个样品瓶增加一个重复对照来质控仪器的稳定性，不需要内标物，极大程度上减少了试验成本（Juwattanasomran，2011；Arikit 等 2010）。（4）结果客观准确。本研究利用 GC-MS 仪器通过测定 2-AP 含量评价叶片的香味等级，较传统的嗅味及 KOH 浸泡法的主观评价更加准确（Wanchana 等，2005）。（5）适合鉴定大量样品。因此，本方法不仅快速而且所用试剂少毒性小、简单易操作，结果准确，非常适合大批量筛选大豆香味材料，对深入挖掘大豆的香味资源具有重要的意义。

　　大豆香味物质 2-AP 含量变异丰富。随着人们对大豆营养价值及食用功效的深入探究，近几年来大豆品质研究已不限于蛋白质和脂肪含量两个方面，大豆外观、风味、质地、甜度等品质指标日渐提上日程，并成为研究的热点。大豆特别是鲜食大豆口感好，籽粒大、可溶性含量高、独特的香味特性等深受人们的欢迎。国际上鉴定的香味大豆材料包括 5 份，分别为 Chamame（Tohoku Seed Co. Ltd. ，Utsunomiya，Japan），Kouri（Marutane Corporation，Kyoto，Japan），Kaori hime（Mikado Kyowa Seed Co. Ltd. ，Tokyo，Japan），Yuagari musume（Kaneko Seeds Co. Ltd. ，Maebashi，Japan），Fukunari（Takii Co. Ltd. ，Kyoto，Japan）。

　　2-AP 作为香味成分的一个重要指标，本研究利用 GC-MS 法鉴定供试大豆 2-AP 含量，发现我国的大豆 2-AP 含量明显高于 Juwattanasomran（Juwattanasomran 等，2011）、Arikit（Arikit 等，2015）报道的高 2-AP 含量种质 kaori Hime（0. 6990mg/L），本研究所筛选得到 2-AP 含量最高的为中龙 608（1. 8167mg/L），比前者含量高出 2 倍多，另外还筛选出 5 份 2-AP 含量高于0. 6mg/L 的大豆种质，如黑农 88、哈 13-2958、黑农 82、黄毛豆、吉育 21。这可能与材料不同或材料的处理方法不同导致，也可能是因为我国在人工育种中对香味性状进行了人工选择。本研究为我国大豆香味育种提供了材料方法和支撑。2-AP 含量在不同的大豆品种中存在广泛的遗传变异，说明在大豆种质资源中可以筛选出高含量及低含量等的特用品质，从而开展大豆 2-AP 含量的育种工作。不同生态类型大豆 2-AP 含量存在明显差异，北方区大豆 2-AP 含量明显高于南方区大豆，说明气候条件对大豆籽粒 2-AP 的积累也有影响。因此，环境条件下重复鉴定对获得准确可靠的 2-AP 至关重要。

　　研究表明，芳香族化合物中 2-AP 含量的增加与大豆 *BADH*2 基因的第 10

外显子中 928 位核苷酸（TT）的 2 bp 缺失有关（Arikit 等，2015）。这种突变导致了 *BADH*2 蛋白从 448 个氨基酸缩短到 309 个氨基酸使得 2-AP 含量较高，然而本研究表明尽管大黄豆有同样的基因型但是 2-AP 含量却较低，这说明该位点的变异并没有改变大黄豆的表型。说明该位点不一定能控制大豆的香味。本研究获得的高含量 2-AP 的材料为香味新基因的发现提供了有用的材料。

四、结论

本研究建立了大豆叶片 2-AP 含量精准鉴定的方法。通过单因素试验得出仪器运行的最佳参数为柱温 60℃、进样口温度 180℃。通过正交试验设计方案的极差和方差分析得到因素最优水平为最佳萃取酒精的含量 1mL、NaCl 的含量 0.1g，超声时间为 10min，萃取时间为 1h 等最优萃取条件；因素对 2-AP 含量测定的影响高低依次为：酒精量>NaCl 量>超声时间>萃取时间，且因素酒精量、NaCl 量、不同超声时间对试验结果影响显著，萃取时间对试验结果无显著影响。在最佳测定条件下，该检测方法重现性好，可用于精准快速测定 2-AP 含量，进行香味大豆的大批量筛选。

利用该方法鉴定了我国不同地理来源的大豆材料 101 份，结果表明：不同生态类型的大豆 2-AP 含量有遗传变异丰富，可被划分为 3 个等级的香型，其中 1 级香型材料有 7 份，可作为香味大豆育种种质资源和基因发掘材料。

本研究不仅为科研领域中大豆香味表型鉴定提供了参考，也为其他作物香味鉴定提供了理论指导，为香味大豆育种提供了育种材料和基因发掘材料（Zhang 等，2021）。

第三节　基于 GC-MS 法的大豆香味种质材料筛选

大豆是豆科大豆属的一年生草本，是全球重要的食品、农业商品饲料、工业油脂和蛋白质生物燃料的主要来源，也是世界上最常种植的作物之一。大豆资源丰富，全世界我国国家种质资源库保存有 23 500 份，按照生态区分类，分为黄淮夏大豆、南方春大豆、南方秋大豆、南方夏大豆、长江春大豆、北方春大豆、东北春大豆等。大豆含有丰富的营养物质，包括 41% 左右的蛋白质和 21% 左右的脂肪，还含有如磷脂、膳食纤维、胡萝卜素、蛋白肽、低聚糖、皂苷、异黄酮、甾醇等生理活性物质，具有降低血清胆固醇、增强免疫力的功能，同时也具有降低血液中的胆固醇和甘油三酯，抑制血清脂类的氧化以及预防痴呆症，延缓大脑机能的衰退等功能（王继亮等，2019）。且近年来，风味好的、香的大豆不仅可以推动人们的食欲，还能间接地对营养产生良好的影响。

在过去的 20 年中，科研人员对影响大豆及大豆制品风味的化合物进行了各个方面研究，发现大豆的风味与其挥发成分有关，主要包括几十种化学物质，如醛类、酮类、醇类、酯类、呋喃类、烃类、酸盐类等（Achouri 等，2008）。另有研究表明，鲜食豆挥发成分 2-乙酰-1 吡咯啉（2-acetyl-1-pyrro-line，2-AP）含量的多少与香味有关。这种香气成分直接影响消费者的偏好和接受度，使大豆的市场价值翻倍。鲜食豆富含碳水化合物、蛋白质、维生素、矿物质和生物活性物质，近年来深受人们欢迎，尤其具有爆米花香味的鲜食大豆品种在台湾南部栽培并发展成为爆米花品种，在美国、欧洲和日本广泛种植。研究人员发现"Dadachamame"和"Chakaori"含有与香米类似的甜味，如茉莉和印度香米（Fushimi 等，2001；Masuda，2001）。进一步研究发现，品种"Dadachamam"的香气来源于 2-AP，毛豆期 2-AP 的浓度最高，与有关报道的引起稻米香的香气成分相同（Buttery 等，1983）；研究也表明 2-AP 是香味大豆的主要特征成分，且高含量的 2-AP 与高浓度的甲基乙二醛和 δ1-吡咯啉-5-羧酸盐有关（Wu 等，2009）。有研究发现含有 2-AP 的芳香大豆同时缺乏氨基醛脱氢酶（AMADH）酶活性（Arikit S 等，2010）。测序发现该基因的外显子 10 缺失导致该酶提前终止表达，从而促使了 2-AP 的合成；研究人员用 GC-MS 检测泰国大豆，发现正己醛（0.91%）、1-己醇（1.79%）是大豆最丰富的风味物质，但是微量的 2-AP 在大豆中却是首次发现（Plonjarean 等，2007）。近年来，人们利用不同的挥发性分析技术对水稻、番茄、黄瓜等进行了大量的研究，主要目的是检测挥发性成分影响风味的化合物及影响挥发性成分的关键基因。香味的鉴定方法包括定性法和定量法两种。定性法又包括咀嚼法、热水法、氢氧化钾浸泡法等，定量法包括电子鼻法、GC-MS 法，以及顶空固相微萃取法等。定性法较为主观，同一品种鉴别结果可能会因人而异。研究人员以浓香菜籽油为材料通过 GC-MS 检测到挥发性风味物质共有 68种（苏晓霞等，2019）。也有研究人员利用 GC-MS 法研究了不同品种小米的代谢产物，分析了差异代谢产物的代谢途径（张丽媛等，2021）。利用 GC-MS分析叶青块根和藤茎叶挥发性成分，证明了两者挥发性成分存在一定差异，GC-MS 可以有效评价其成分（张煜炯等，2020）。

本研究以 327 份重测序大豆为材料，利用 GC-MS 方法对 2-AP 含量进行鉴定，从而筛选出具有香味品质的大豆材料，对后续的基因挖掘工作具有深远的意义。

一、材料与方法

（一）大豆材料

以 2018 年 6 月于北京顺义基地种植的 327 份重测序材料为实验材料，于 7 月中旬对 327 份材料的叶片进行取样，每个材料取 3 次重复，并于 4℃ 冰箱保存，测定大豆叶片 2-AP 含量。对 327 份材料按生态区划分为七大类，分别为北方春大豆（65 份）、东北春大豆（109 份）、黄淮夏大豆（49 份）、南方春大豆（31 份）、南方秋大豆（3 份）、南方夏大豆（56 份）、长江春大豆（14 份）等，详见表 3-19。

表 3-19　327 份大豆品种资源及来源

来源	品种（编号）	份数
北方春大豆	晋豆 371、杜士大黑豆、菜黄豆、吉青 3、黄皮豆、长农 16、黄花豆、早熟黄豆、串蔓黑豆、麻黑豆、牛尾巴黑豆、灰皮脂黑豆、夏黑豆、黄皮小黄豆、白皮黄豆、金杖子黄豆、红小豆、三股条黑豆、黑河 15、红茬豆、包公豆、鬼脸白豆、长白豆、黑黑豆、长农 18、本地黄豆、圆黄豆、黑滚豆、红梅豆、北石佛黄豆、落叶黑豆、晋大 78、土黄小豆、京丝豆、红梅豆<2>、大黄豆<1>、圆小黑豆、黑荚糙、五星 2、王庄黑豆、通县黄豆、小绿青豆、冀豆 12、冀豆 17、牛眼睛、羊眼豆、合丰 47、六十日白豆、褐黑豆、小黑豆（应县小黑豆）、状元青黑豆、吉林 36、东山 69、吉黄 138、绿色豆、黄豆<2>、平顶小黑豆、北豆 16、克旗小粒黑豆、黑农 39、黑河 27、黑河 43、绥农 28、大黑河大豆、白脐大豌豆	65
东北春大豆	合丰 38、东农 48、争光 1 号、通化平顶香、合丰 44、黑生 101、珲春豆、辽豆 26、宝青绿大豆、青二黑、汪清神仙洞、小白脐、铁丰 29、黑河 101、大豆-2、黑河 51、吉林 3、东农 47-1C、九台薄地高、磨石豆、油豆、黑河 54、宾县黑豆、绥农 14、黑河 35、黑河 42、四粒黄（农 16-1）、褐脐、白铁荚青、黑河 40、金元豆、东农 50、黑河 41、吉育 101、油黄豆、六十天还仓、蒙豆 14、铁荚金瓶、绿瓢黑豆、北丰 16、吉育 72、黑豆、东农 42、玉石豆、锦州 4-1、绥农 20、吉林 35、小粒黑、四粒黄、满仓金、连毛会黑豆、白黑豆、吉原引 3、蒙豆 28、绥农 10、四粒青、扶余嘟噜豆、大黑豆、黑荚子、黑农 43、合丰 41、合丰 48、秃荚子、白铁荚、九农 21、青杂豆、大红脐、永丰豆、荆山扑、黑河 32、一窝猴、克 4430-20、蒙豆 15、小黑豆、吉育 47、东辽克霜、吉农 22、双阳早黄豆、黑河 18、东农 44、抗线 2、小粒黄、黑河 21、绥农 22、小粒黑豆、合丰 57、长春满仓金、合丰 42、合丰 40、合丰 51、黑河 37、黑河 24、黑农 47、红大豆、红丰 11、黑农 26、绥农 15、和龙油太、合丰 56、汪清旱大豆、蒙豆 13、黑河 23、蒙豆 30、佳黑秣食豆、黑农 37、嫩良 7、阿旗满仓金、白皮豆、黑河 38	109

（续表）

来源	品种（编号）	份数
黄淮夏大豆	红面豆、早熟1、中黄13、一窝猴黄豆、大颗黑豆、中黄39、菏豆19、虎皮豆、郸城铁角青、九月寒、商丘竹竿青、息县平顶式大豆、永城小青豆、潢川茶色豆、商豆6、中黄14、郑州大籽青豆、腰角黄、汝南平顶式、冀豆15、元豆、小白花黑豆、中黄20、中黄45、通许小籽黄、台湾75（Ryokkoh 75）、中黄35、榆树林子黄豆、泗豆288、大粒蜂壁、皖28、宁陵天鹅蛋、郸城大籽黄、民权牛毛黄、七月乱、小米豆、七月炸、潢川天鹅蛋、7537-1、齐黄31（鲁99-7）、泥豆子、沁阳水豆、西峡小籽黄、泗豆2、江南青、大天鹅蛋、晋豆25、桂夏豆2、灵宝白荆豆	49
南方春大豆	大白水豆、红星大个乌、惠阳小粒黄、黄毛豆-3、晋豆28、拉城黄、达浦豆、坡黄、田林平塘早黄豆、七月早黄豆-1、琼海黑豆、罗定青豆、厦门藤仔豆、靖西早黄豆、金蓬豆、茶山黑豆、古田豆、乌鼻黄、细黄豆-15、花猫豆、细黄豆-9、七船豆、六月早黄豆、八月早-2、滇豆6、黑壳豆、二叶子黄豆、滚山珠、豆芽豆、汾豆49、猫儿灰	31
南方秋大豆	长沙泥豆、瑞金青皮豆、早熟毛蓬青	3
南方夏大豆	如皋刺鱼头儿丙、南京绛色豆、天门大籽黄、黄陂八月渣、太仓黄毛豆乙、如东晚绿黄豆甲、英山大粒黄、奉贤穗稻黄、海安刺鱼豆1、孝感豆、猴子毛、京山布袄豆、松滋洋黄豆、荆黄35乙、汉川猴子毛、黄陂扇子白、浙鲜豆3、茶黄代豆1、乌大豆、荆门树猴子、襄阳八月炸、南通绿黄豆、沙河黄豆、福豆310、柳城十月黄、扇子白黄豆、九月白、金坛青籽、九月拔、猴尾裂2、迟黄豆1、通山大粒酱皮豆、湘春豆24、溧阳青烂子、74-424、高山牛毛黄、五星3、蒙豆12、香珠豆、82-16、严田青皮豆、青皮青仁、句容小子黄、腐身豆、山白豆、上饶八月白、曙光黄豆、太仓大沙豆、杂豆-6、安陆黑黄豆、青壳豆、海门等西风甲、打泥豆1、黑泥豆、横峰蚂蚁窝、九月白毛	56
长江春大豆	南农99-10、南通黄油果子、衢鲜1、高秆黑、江阴黑豆、六月白、吴江五月牛毛黄、巫溪黄豆、南充豆、贡豆7、皂角豆、花脸巴、高桥褐豆2、东安紫皮豆	14

（二）仪器

旋涡振荡器、日立高速冷冻离心机（天美科技有限公司，CR21G/CR22G）、GC-MS（2010）（日本，岛津公司）、JP-040ST数控功率可调型超声波清洗机（Jp-010ST）。

（三）试剂

无水 Na_2SO_4、NaCl（促挥发）、HPLC乙醇（上海安谱实验科技股份有限公司，HPLC，纯度99.99%）、2-乙酰-1吡咯啉（CDDM-A187225-10mg）。

（四） 方法

1. 2-AP 鉴定方法

采用 GC-MS 方法对 327 份大豆材料的 2-AP 含量进行定性定量分析，具体方法参照（Zhang 等，2021）精准鉴定大豆叶片 2-AP 方法的建立及其优异种质资源筛选。

其中，GC-MS 2010 色谱质谱条件：色谱柱为 DB-WAX 毛细管柱：30m×0.18mm×0.25μm，柱温，柱温升温程序为 60℃ 保持 2min，10℃/min 升至 100℃，然后以 30℃/min 升至 230℃，保持 5min；进样口压力为 78.0 kPa，进样口温度为 180℃；载气为高纯（纯度>99.999%）氦气；恒压不分流进样，进样量为 1μL。MS 条件：电子轰击（EI）离子源，离子源温度为 200℃；离子化能量为 70eV；接口温度为 180℃；检测器电压为 0.1KV，全扫描方式，扫描范围为 m/z 35~500。

2. 操作步骤

（1）称样。用万分之一电子天平准确称取 0.4000g 大豆叶片，不做重复。剪碎并置于离心管中，注意在离心管瓶盖和侧壁编上编号。

（2）加色谱级乙醇。先加无水 Na₂SO₄ 至饱和直至去除离心管柱内水分，用枪头将其戳至管底。再用移液枪加 1.3mL HPLC 乙醇。

（3）振荡混合。用旋涡混合器（型号：XH-C）混匀，使乙醇吸收叶片香气。

（4）萃取。将离心管置于超声波清洗器中，温度不设限，时间为 10min。且离心管底部应接触到清洗器的水面，从而达到萃取效果。再静置 1.5h。

（5）离心。将离心管置于条件为 12 000r/min 的高速冷冻离心机中 5min。

（6）提取上清液并上样。加入适量的 NaCl，用注射器吸取上清液，经尼龙膜（孔径 0.22μm）过滤后转移液体到气质小瓶 SHIMAD2U-GL（32mm×11mm）中并编号（注意：序号只写在瓶身，写在瓶盖上会污染试剂）。检查清洗仪器管柱的无水乙醇是否高于小瓶的 1/3。将放样小瓶依次从 1 位放在仪器上，且须插入空瓶以排除仪器干扰。

（7）设置 GC/MS 参数，开启仪器。

3. 蛋白脂肪含量的测定

大豆种子蛋白质含量由黑龙江省黑河分院和中国农业科学院作物科学研究所扫描总体信息，并收集吸收光谱，所用仪器为德国 Bruker 公司生产的傅立叶变换近红外光谱仪，且每个样品重复扫描 3 遍，每个单株需要种子 30~60 粒。用已构建好的大豆蛋白质干基模型在软件 OPUS 中分析数据，每个样品扫描的次数平均值代表该样品的蛋白质含量。

4. 2-AP 遗传多样性指数

利用 Microsoft Excel 2016 计算 327 份大豆种质 2-AP 含量的平均值、标准差、最大值、最小值、变异幅度和变异系数，进一步对材料进行分级，分级标准为：先计算出参试品种某一性状的总体平均数（x_i）和标准差（σ），然后从第 1 级 $[x \geqslant x_i + \sigma]$，第 2 级 $[x \geqslant x_i + 0.1\ \sigma]$，第 3 级 $[x < x_i]$ 划分为 3 级，每一级中观察值个体数相对于总个数的比例用于计算多样性指数，计算公式：$H' = -\sum n_i = 1 P_i \ln P_i$，式中 n 为某一性状表型级别的数目，P_i 为某性状第 i 级别内个体数占总个数的比值，ln 为自然对数。

5. 数据分析

采用 Excel 2016 对材料数据进行处理；采用 SPSS19.0 软件通过系统聚类进行数据分析；采用 R 语言绘制散点图；采用 Origin2018 软件做柱状图。

二、结果与分析

（一）不同地理分布情况

从地理分布来看，本实验所选择的大豆材料分布广泛且具有代表性。对 327 份大豆品种进行地理分布情况分析，这些品种均分布在中国东部地区，如黑龙江（53 份）、湖北（21 份）、吉林（32 份）、山西（37 份）等地区。通过对这些地方绘制散点图，可将本实验中的大豆划分为 7 个生态区，分别为北方春大豆（65 份）、东北春大豆（109 份）、黄淮夏大豆（49 份）、南方春大豆（31 份）、南方秋大豆（3 份）、南方夏大豆（56 份）、长江春大豆（14 份）等。

（二）不同大豆品种间 2-AP 含量比较

不同大豆品种间 2-AP 含量存在广泛的遗传变异，其最大值 2.60mg/L，最小值 0.01mg/L，平均含量为 0.16mg/L，变异幅度为 0.01~2.60mg/L。标准偏差为 0.22，变异系数为 0.71，遗传多样性指数为 0.59；按照方法中的公式对 327 份材料进行香味等级划分，划分成了 3 个等级（见表 3-20），分别为 1 级香，2 级中等香，3 级非香。对各级材料所占份数绘制柱形图（见图 3-16），可知 1 级材料有 11 份，占比 3.36%，而 3 级材料有 261 份，占比 79.82%。可知香型材料占比少，非香材料占比多，在自然界中有利的突变少，而有害的突变多，这与自然规律相符合。

1 级材料共有 11 份，2-AP 含量排名前 3 的品种有合丰 38、南农 99-10、东农 48，含量分别为 2.60mg/L、1.71mg/L、1.66mg/L；排名第 4 的品种为争

表 3-20　大豆叶片 2-AP 含量在不同区域的统计

大豆种质	1 级		2 级		3 级		合计
	材料数目	百分比（%）	材料数目	百分比（%）	材料数目	百分比（%）	
北方春大豆	0	0	10	18.2	55	21.1	65
东北春大豆	6	54.5	15	27.3	88	33.7	109
黄淮夏大豆	1	9.1	3	5.5	45	17.2	49
南方春大豆	0	0	1	1.8	30	11.5	31
南方秋大豆	0	0	1	1.8	2	0.8	3
南方夏大豆	1	9.1	23	41.8	32	12.3	56
长江春大豆	3	27.3	2	3.6	9	3.4	14
合计	11	100%	55	100%	261	100%	327

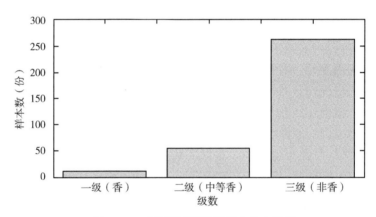

图 3-16　大豆不同级数的样本分布情况

光 1 号，含量为 0.94mg/L、排名第五的品种是通化平顶香，含量为 0.94mg/L、排名第六、第七的品种为合丰 44 和黑生 101，含量均为 0.89mg/L。2 级材料共有 55 份，2-AP 含量排名前 3 的品种包括南京绛色豆、天门大籽黄、黄陂八月渣，2-AP 含量分别为 0.37mg/L、0.35mg/L、0.31mg/L；其余为 3 级材料，含量最低的品种是晋豆 371，含量为 0.01mg/L。需要指出的是来自北方的 4 份材料即合丰 38、南农 99-10、东农 48、争光 1 号的 2-AP 含量较高，为 1.56~2.60mg/L，2-AP 含量可能与其地理来源或亲本来源有关。

　　按照每一级香型材料中各生态区大豆分布情况划分（见表 3-20），1 级

香型材料中，东北春大豆、黄淮夏大豆、南方夏大豆、长江春大豆分别占
54.5%、9.1%、9.1%和27.3%，北方春大豆、南方春大豆和南方秋大豆为
0%，可见，1级材料中东北春大豆种质占比最多；2级香型材料中，其占比
分别占18.2%、27.3%、5.5%、1.8%、1.8%、41.8%和3.6%，可见2级
材料中，南方夏大豆种质占比最多；3级香型材料中，其占比分别占
21.1%、33.7%、17.2%、11.5%、0.8%、12.3%和3.4%，可见3级材料
中东北春大豆种质占比最多。按照不同生态区品种的香型分析看出，东北春
大豆1级、2级、3级种质分别占5.5%、13.8%、80.7%，黄淮夏大豆1
级、2级、3级种质分别占2.1%、6.1%、91.8%，南方夏大豆1级、2级、
3级种质分别占1.8%、41.1%、57.1%，长江春大豆1级、2级、3级种质
分别占21.4%、14.3%、64.3%；北方春大豆、南方春大豆和南方秋大豆均
为2级、3级材料，北方春大豆2级、3级种质分别占15.4%、84.6%，南
方春大豆2级、3级种质分别占3.2%、96.8%，南方秋大豆2级、3级种质
分别占33.3%、66.7%。可见，北方春大豆、东北春大豆2级材料和3级材
料种质所占比例相近。

依据表3-20，对各生态类型的大豆各香味级别材料数在该类型中数量
进行统计，绘制柱状图（图3-17）。可知，东北春大豆中1级（香味材
料）数量最大，为6，其次是长江春大豆，为3。各生态类型中3级（非香
材料）的比例都高于1级（香味材料）和2级（中香材料）。东北春大豆是

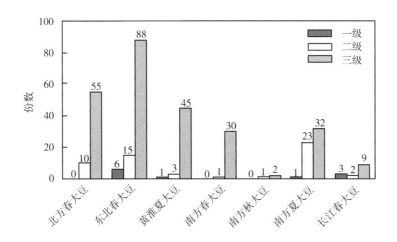

图3-17　各生态类型香味资源统计图

很好的香味资源，在今后大豆香味的研究方面应加以重视。这些高 2-AP 含量的品种为后续的大豆香型基因挖掘研究以及香型品种选育提供了丰富的材料。

（三）大豆品种 2-AP 含量与蛋白脂肪相关性分析

香味物质 2-AP 的含量对于改良大豆品质性状具有重要意义。由于高含量的 2-AP 含量过高影响相关性分析的结果，故排除了较高含量的 11 份材料，对其余的 316 份大豆品种的 2-AP 含量与大豆品质相关性状蛋白含量及脂肪含量之间进行相关性分析。从图 3-18 散点图可知，大豆品种的 2-AP 含量主要分布在 0.05~0.15mg/L，分布较为集中，2-AP 含量大于 0.05mg/L 的品种较少，而具有高 2-AP 含量种质可能使得大豆品种所制成的豆制品具有独特的香味。大豆品种蛋白含量主要集中在 37.5%~47%，脂肪含量集中在 16%~21%；大豆品种 2-AP 含量与蛋白质、脂肪含量分别呈显著正相关、负相关，相关系数为 0.15、-0.18。而大豆蛋白质含量与脂肪含量呈显著负相关，相关系数为 -0.64。即在一定范围内，大豆蛋白质含量越高，脂肪含量越低。以上结果说明 2-AP 含量与大豆品质性状存在一定的相关性，在大豆品种选育过程中，高蛋白的大豆可能往往具有高含量的 2-AP 物质。

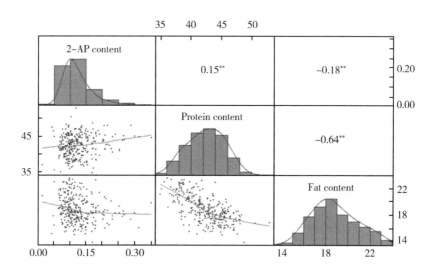

图 3-18　2-AP 含量与蛋白脂肪相关性分析

注：*** 代表在 0.001 水平上差异显著。

（四）不同叶形大豆品种2-AP含量分布规律

叶片是植物进行光合作用的重要器官，是植物积累干物质的"源"。叶片的形态特征影响着叶片内部的生理特性。由于2-AP物质从叶片中提取出来，对不同叶片形状类型的大豆2-AP含量进行比较分析（见图3-19）。由于高含量的2-AP含量过高影响差异显著性分析的结果，故排除了较高含量的11份材料，挑选316份大豆品种根据叶形分为4种类型，分别为卵圆形、披针形、椭圆形、圆形。其中卵圆形叶片的大豆有97个品种、披针形叶片的大豆有49个品种、椭圆形叶片的大豆有144个品种、圆形叶片的大豆有26个品种。结果表明，在4种叶形大豆品种中椭圆形的叶片具有最高的2-AP含量，平均值为0.14mg/L；卵圆叶形品种2-AP含量次之，平均值为0.12mg/L；披针叶形的品种2-AP含量为第3位，平均值为0.11mg/L；而圆形叶形品种2-AP含量最低，平均值仅为0.10mg/L；椭圆叶形品种大豆叶片中的2-AP含量显著地高于卵圆和圆形以及披真叶大豆品种，而卵圆、披针以及圆形大豆品种中2-AP含量虽然存在差异，但并未达到显著水平。综上所述，不同大豆品种中的2-AP含量可能与叶形有关。

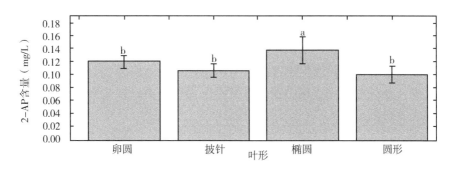

图3-19　不同叶形大豆品种2-AP含量分布规律

注：a和b代表二者之间在0.05水平上差异显著。

（五）基于聚类分析的各生态类型香味资源评价

对327份不同大豆生态区及香型采用平均联接法进行组间系统聚类，根据样本分类之间的相似性进行聚类分析，可提供多个分类结果。如图3-20所示，欧氏距离≥9时，样本被聚类为2类，生态区之间无法区分差异性。欧氏距离=3时样本被聚为3类：东北春聚第Ⅰ类，该生态区所含材料数量多，为109，且香味材料数目也多，为21；北方春、南方夏聚为第Ⅱ类，该生态区所含材料数量居中，分别为65、56，香味材料数目较少，分别为10、24；南方

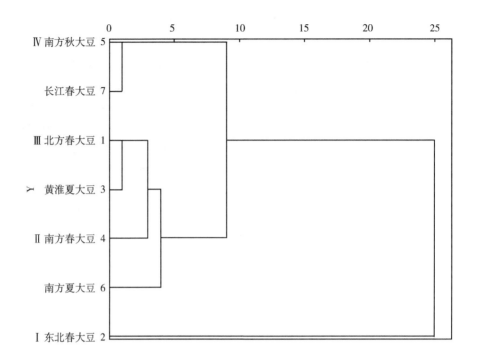

图 3-20　香味资源聚类图

春、黄淮夏聚第Ⅲ类，该生态区所含材料总数少，分别为 31、49，香味材料数目也少，分别为 1、4；南方秋、长江春聚为第Ⅳ类，该生态区所含材料总数极少，分别为 3、14，香味材料数目也极少，分别为 1、5。

三、结果与讨论

利用 GC-MS 法鉴定了我国不同地理来源的大豆材料 327 份，按生态区划分为七大类，分别为北方春大豆（65 份）、东北春大豆（109 份）、黄淮夏大豆（49 份）、南方春大豆（31 份）、南方秋大豆（3 份）、南方夏大豆（56 份）、长江春大豆（14 份）。结果表明：东北春大豆所含香味大豆较多。不同生态类型的大豆 2-AP 含量有明显遗传变异，可被划分为 3 个等级的香型，其中 1 级香型材料有 11 份，可作为育种重要优异种质资源加以利用。

研究筛选到大豆 2-AP 含量存在广泛的遗传变异，其变异幅度为 0.15 ~ 1.86mg/L（Zhang 等，2021）。本研究中 2-AP 高含量大豆品种如：合丰 38（2.60mg/L）、南农 99-10（1.71mg/L）、东农 48（1.66mg/L）、争光 1 号

（1.56mg/L）、睢宁黄墟大豆（1.44mg/L）、通化平顶香（0.94mg/L）、合丰44（0.94mg/L）、南通黄油果子（0.72mg/L）、黑生101（0.89mg/L）、衢鲜1（0.66mg/L）、如皋刺鱼头儿丙（0.66mg/L）、红面豆（0.63mg/L），这些品种的2-AP含量相较于其他种类的豆类仍然具有优势。分析原因：一是受到已鉴定的香味基因的影响；二是受环境因素影响大，外界或内部条件的不同均会造成结果的巨大差异；三是由于此技术的数据测量受到仪器设置、柱子老旧、操作时间的细微影响导致结果有所差异。

　　本研究说明2-AP含量与蛋白脂肪含量存在显著的相关性，即蛋白含量越高，则2-AP含量也越高；脂肪含量越低则2-AP含量越高。叶形是不同地区的特征性反映，是地方农民或育种家进行选择后的结果，因此推测不同生态区大豆品种2-AP含量与叶形有关。

　　2-AP作为香味物质的重要指标之一，在大豆中含量的多少对品质具有非常重要的影响，而目前有关大豆2-AP相关研究仍然较少，本研究通过对不同地区品种2-AP含量进行测定不仅为科研领域中大豆香味表型鉴定提供了参考，也为其他作物香味鉴定提供了理论指导，以及为后续的基因挖掘工作奠定了坚实的研究基础。

第四节　大豆香味基因 *BADH* 的衍变

　　大豆在中国已有几千年的种植历史，因富含人体必需的氨基酸和脂肪酸，可提高人体免疫力、抗衰老、促进人体消化吸收而被广泛食用。随着人们生活水平的提高，人们对大豆的品质需求越来越高，香味是影响大豆食用品质的重要特征之一，较多研究表明，大豆的香味不同是由于甜菜碱醛脱氢酶基因（Betaine aldehyde dehydrogenase2，*BADH*2）抑制了香味来源的主要物质2-AP的生物合成，当其变异后能够显著促进香气成分2-乙酰-1-吡咯啉（2-acetyl-1-pyrroline，2-AP）的合成，2-AP是一种类似爆米花香的挥发性化合物，这种香气成分存在于各种植物（Widjaja，1996；Yoshihashi，2002）、动物（Brahmachary等，1990）、微生物（Adams等，2007；Snowdon等，2006）及食品中（Schieberle等，1911）。2-AP含量高低直接影响消费者的偏好和接受度，含量较高的豆制品的市场价值翻倍。大豆中的*BADH*2编码的甜菜碱醛脱氢酶与水稻Os2-AP同源，促进大豆2-AP的生物合成，芳香大豆同时缺乏甜菜碱脱氢酶活性（Arikit等，2010）。Juwattanasomran等遗传分析表明鲜食豆Kaori香味是*BADH*2基因控制的，其第10外显子存在1个SNP的无义突变，

使得 *BADH*2 蛋白功能缺失合成芳香物质 2-AP，导致大豆具有稻香味（Juwat-tanasomran 等，2012）。科研人员以 Chammame 为材料，发现 *BADH*2 外显子存在 2 bp 缺失，导致移码突变及蛋白提前终止，致使蛋白无功能，产生香味物质 2-AP。研究也表明 *BADH*2 是一种渗透调节物质，通过保护细胞膜蛋白上的一些大分子帮助植物对抗逆境胁迫来提高植物的适应能力，从而抵抗干旱（Juwattanasomran 等，2011）。生物学家在 1990 年首次克隆了菠菜的 *BADH* 基因（Weretilnyk 等，1990），利用转基因技术在植物中表达正常功能的 *BADH*2 基因，发现甘氨酸甜菜碱含量会明显提高，说明甘氨酸甜菜碱的合成与 *BADH*2 有关，是合成甘氨酸甜菜碱的重要酶（Hanson 等，1985；Arakaw 等，1987），将 *BADH*2 基因转入小麦和山菠菜后均获得 *BADH*2 基因高效表达的植株，并发现转基因植株高度抗旱。说明 *BADH*2 在控制香气的形成及渗透调节中起着重要作用，研究其基因及相应的蛋白结构及生物学特性、多样性对改良大豆品质、培育抗旱大豆新品种、增加粮食产量、促进农业可持续发展具有重要意义。目前有关大豆 *BADH*2 基因多样性的研究较少。

本研究利用生物信息学同源比对方法得到大豆中的 *BADH*2 基因，分析其基因结构及在不同组织器官中表达量、理化性质、结构差异及进化关系。分析 1 598 份大豆种质 *BADH* 基因序列的突变位点，以分析大豆中该类基因的多样性。测定突变材料中 *BADH*2 基因催化合成的芳香成分 2-AP 的含量，以报道的香味及非香大豆材料为对照，对比基因突变材料和普通材料中 2-AP 的含量。研究旨在为深入开展 *BADH*2 单倍型特性分析、酶学特性的分子机理、基因多样性的研究提供重要理论依据。

一、材料与方法

（一）材料

NCBI（https：//www.ncbi.nlm.nih.gov/）网站中的植物 *BADH*2 基因序列。本实验室已完成重测序的 1 598 份国内外大豆种质。

（二）方法

1. 基因进化分析

在 NCBI（https：//www.Ncbi.nlm.nih.gov/）网站使用水稻抗旱基因 *BADH* 编码序列同源比对得到不同植物的 *BADH*2 氨基酸序列，采用最大似然法构建植物 *BADH*2 基因序列的系统进化树，分析大豆与其他植物 *BADH*2 基因的亲缘关系。

2. 大豆 *BADH* 同源基因编码序列分析

从 Phtozome 网（https：//phytozome.jgi.doe.gov）下载大豆 *BADH*1 及 *BADH*2 基因序列，绘制两个基因编码序列的结构图，利用网站（http：//multalin.toulouse.inra.fr/multalin/）对上述两个序列进行多序列比对。

3. 二级和三级结构分析

通过 PSIPRED（http：//bioinf.cs.ucl.ac.uk/psipred/）在线网站预测和分析 *BADH*1 和 *BADH*2 的蛋白质二级结构；利用 CDD（https：//www.ncbi.nlm.nih.gov/cdd）网站分析蛋白功能结构域；利用 SWISS-MODEL（https：//swissmodel.expasy.org/）构建两种蛋白质的三级结构模型。

4. 蛋白质特性分析

利用 Protparam（https：//web.expasy.org/protparam/）分析 *BADH* 蛋白质分子量、稳定性、等电点和亲水性等。基于 HMM 法，在 TMHMM（http：//www.cbs.dtu.dk/services/TMHMM-2.0/）网站分析蛋白质的跨膜区。利用 PSORT Ⅱ prediction（https：//psort.hgc.jp/form2.html）软件预测 *BADH* 蛋白的亚细胞定位。利用 NetPhos 3.1Server 软件预测 *BADH* 蛋白的磷酸化位点。

5. 大豆 *BADH* 的多态性分析

以在 Phytozome 网站下载的 Williams 82 大豆 *BADH*1 和 *BADH*2 基因编码区序列为参考序列，根据天津诺和致源公司对 1 598 个大豆个体采用全基因组鸟枪法进行的全基因组重测序结果，筛选获得 1 598 个大豆的 *BADH*1 及 *BADH*2 基因的序列，并对其外显子区域核苷酸和编码氨基酸单倍型发生的变异和数目进行统计分析。

6. *BADH*2 突变材料 2-AP 含量测定

以 Juwattanasomran 等报道的香味材料 KaoriHime 及非香材料 CM60 为对照，选取这 29 份材料中的 27 份（有 2 份未取到种质）进一步测定和对比 *BADH*2 可能催化合成的 2-AP 的含量。样品制备方法为磨制成熟期大豆豆粉，准确称取 0.4g，用剪刀剪碎成直径为 2cm 大小的形状，置于盛有 1.5mL 酒精的 10mL 离心管中，用旋涡混合器（型号：XH-C）振荡混匀数分钟后超声萃取 20min，静置 2h 后于低温离心机 4℃ 12 000r 离心 10min，用一次性注射器取 1mL 上清并用 25μm 滤膜过滤于气质小瓶中（32mm×11mm）编号，旋紧盖子密封待用。气相色谱质谱仪测定 2-AP 方法为：GC-MS 2010，色谱柱 DB-WAX 毛细管柱：30m×0.18mm×0.25μm，柱温，柱温升温程序为 60℃ 保持 2min，10℃/min 升至 100℃，然后以 30℃/min 升至 230℃，保持 5min；进样口压力为 78.0 kPa，进样口温度为 180℃；载气为高纯（纯度>99.999%）氦气；恒压不分流进样，进样量为1μL。MS 条件：电子轰击（EI）离子源，离子源温度为200℃；离子化能量为 70 eV；接口温度为180℃；检测器电压为0.1KV，全扫描方式，扫描范围为 m/z 35~500。检测普库为 NIST 库。每份材料测定 3 次，然后取平均值。利用 Microsoft Excel 2013 计算 27 份大豆种质 2-AP 含量的平均值。进一步对材料进行分级，分级标准为：先计算出参试品种2-AP 的总体平均数（x_i）和标准差（σ），然后从第 1 级 $[x_i \geq x+\sigma]$，第 2 级 $[x_i \geq x+0.1\sigma]$，第 3 级 $[x_i < x]$ 划分为 3 级，属于 1 级的为新型材料。

7. *BADH* 同源基因的序列在各组织器官的表达分析

在 phytozome（https：//phytozome.jgi.doe.gov/pz/portal.html） 中搜索 *BADH* 基因在大豆各组织器官的表达量等并进行比较，得出其差异性。

（三）数据分析

采用 Excel 2013 对数据进行处理分析。

二、结果与分析

（一）大豆 *BADH* 基因序列和编码蛋白结构分析

1. 基因进化分析

使用水稻抗旱基因 *BADH* 编码序列在 NCBI 网站同源比对得到 19 个物种的 *BADH* 氨基酸序列，构建的系统进化树如图 3-21 所示。19 种不同物种包括：水稻（*Oryza sativa Japonica Group*）、玉米（*maize*）、短花药野生稻（*Oryza brachyantha*）、短柄草（*Brachypodium distachyon*）、结缕草（*Zoysia tenuifolia*）、羊草（*Leymus chinensis*）、小麦（*Triticum aestivum*）、大麦（*Hordeum vulgare subsp*）、三羊草（*Aegilops tauschii*）、陆地棉（*Gossypium hirsutum*）、拟南芥（*Arabidopsis thaliana*）、木本棉（*Gossypium arboreum*）、欧洲油菜（*Brassica napus*）、萝卜（*Raphanus sativus*）、亚麻芥（*mitochondrial-like Camelina sativa*）、醉蝶花（*Tarenaya hassleriana*）、可可树（*Theobroma cacao*）、大豆乙醛脱氢酶（*Glycine max BADH*1）、大豆过氧化物酶乙醛脱氢酶（*Glycine max BADH*2）。按照种属关系可分为两支，分别为双子叶和单子叶植物，大豆 *BADH*1（*Glyma.*06g186300）和 *BADH*2（*Glyma.*05g033500）与双子叶植物可可树、陆地棉、木本棉、拟南芥、萝卜、亚麻芥、醉蝶花同源性较高聚为一类；单子叶植物三羊草、小麦、欧洲油菜、玉米、短花药野生稻、大麦、水稻、羊草、短柄草与大豆 *BADH* 基因亲缘关系较远，聚为一类，且随着时间变化双子叶植物 *BADH* 遗传变异度小于单子叶植物。

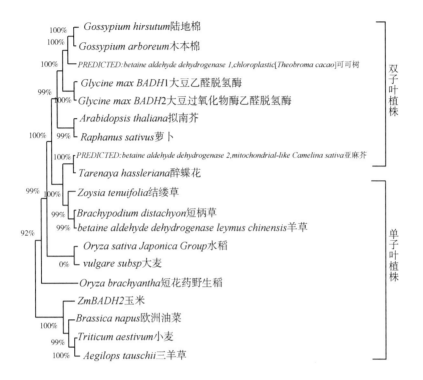

图3-21 植物 *BADH* 氨基酸序列系统进化树

2. *BADH*1 与 *BADH*2 基因编码序列比较

大豆 *BADH*1 及 *BADH*2 基因结构如图 3-22 所示，两个基因分别位于 5 号和 6 号染色体，基因全长分别为 6 008bp 和 3 959bp，均为断裂基因，编码区核苷酸序列长度分别为 1 512bp 和 1 467bp，编码蛋白长度分别为 463 个和 448 个氨基酸，基因编码区分别有 15 个和 16 个外显子，基因结构一致性较高。两个基因编码的蛋白序列同源性达 90%（图 3-23）。

3. *BADH*1 和 *BADH*2 蛋白序列二级结构分析及结构域分析

大豆 *BADH*1 和 *BADH*2 蛋白序列二级结构预测结果如图 3-24 所示，在两个多肽链中 α 螺旋分别出现 44.15% 和 43.65%，β 转角分别出现 8.15% 和 7.17%，无规则卷曲分别出现 34.99% 和 32.58%，延长链分别出现 15.31% 和 16.60%。结果说明 α 螺旋和无规则卷曲是两者中的主要成分。

大豆 *BADH*1 和 *BADH*2 氨基酸序列功能结构域分析结果如图 3-25 所示，两个多肽链属于 ALDH-SF 超家族、醛脱氢酶家族，该家族具有氧化还原酶活

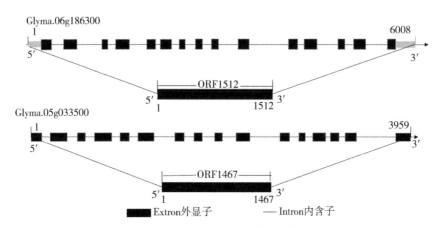

图 3-22　*BADH*1 和 *BADH*2 基因结构示意图

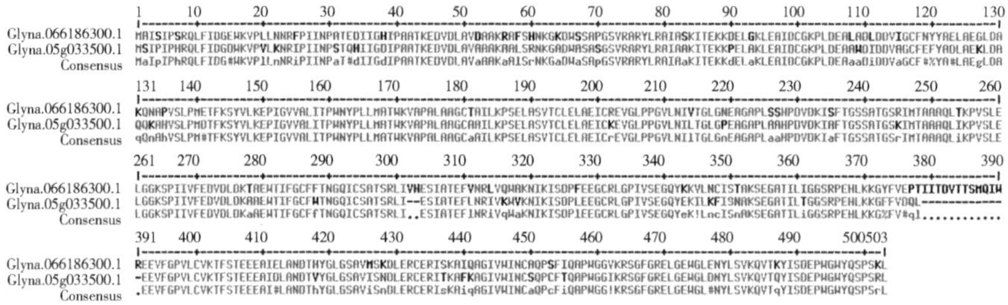

注：红色部分为序列相同部位

图 3-23　*BADH*1 和 *BADH*2 基因编码序列比对图

性，可以催化醛基氧化为羧基。*BADH*1 的 3 个功能结构域分别为：Feature 1，catalytic residues［active site］（258 - 293）；Feature 2，catalytic residues［active site］（160 - 293）；Feature 3，NAD（P）binding site［chemical binding site］（155 - 293）。*BADH*2 的 3 个功能结构域分别为：Feature 1，catalytic residues［active site］（250 - 293）；Feature 2，catalytic residues［active site］（160 - 293）；Feature 3，NAD（P）binding site［chemical binding site］（154 - 293）。

4. *BADH*1 和 *BADH*2 蛋白序列三级结构预测

*BADH*1 和 *BADH*2 蛋白质的三级结构模型如图 3-26 所示，两个基因的蛋白质三级结构稍有差异，与该蛋白质的同源模型 PDB：1jm7.1A 对比，两者一致性达 31.25%。

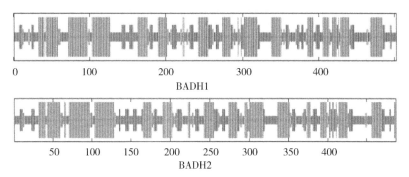

蓝色区域代表 α 螺旋；绿色区域代表 β 转角；橙色区域代表无规则卷曲；红色区域为延长链。

图 3-24　*BADH*1 和 *BADH*2 氨基酸序列二级结构预测图

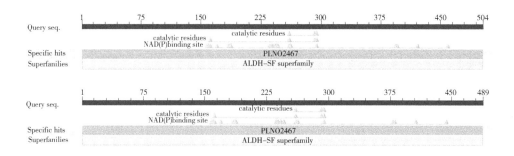

图 3-25　大豆 *BADH*1 和 *BADH*2 蛋白的结构域预测

（二）大豆 *BADH*1 和 *BADH*2 蛋白特性分析

1. 理化性质分析

蛋白序列理化性质分析结果如表 3-21 所示，*BADH*1 和 *BADH*2 蛋白的氨基酸数目、分子量、pI 和不稳定指数等相似度都比较高，它们的氨基酸数目相差 15，分子量相差 1 867.9，pI 相差 0.05，不稳定指数相差 6.65，脂肪指数相差 3.56，两者均表现出稳定性，这是由遗传的同源性决定的，在 *BADH*1 和 *BADH*2 蛋白序列中含量较高的氨基酸均为 Ala、Glu、Leu、Ile、Arg 和 Asn。

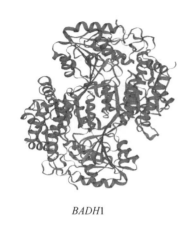

BADH1

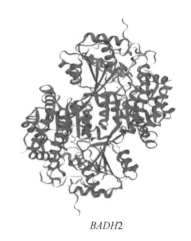

BADH2

图 3-26   BADH1 和 BADH2 蛋白三级结构模型

表 3-21   BADH1 和 BADH2 蛋白理化性质分析

基因	编码氨基酸数目	分子量	pI	不稳定指数	脂肪指数	含量最丰富的氨基酸						
						Ala	Glu	Gly	Leu	Ile	Arg	Asn
Glyma. 06g186300	503	54 739. 84	5. 2	33. 55	94. 27	9. 3	7. 8	7. 8	8. 7	8. 2	3. 4	3. 2
Glyma. 05g033500	488	52 871. 94	5.	26. 90	97. 83	11. 3	7. 0	7. 6	9. 2	8. 4	3. 1	2. 7

2. 亲疏水性分析

蛋白质的亲水性是维持蛋白质高级结构稳定性的重要因素之一。应用 Protscale 在线网站对大豆的 *BADH1* 和 *BADH2* 氨基酸序列进行亲疏水性分析得到蛋白亲水/疏水曲线结果如图 3-27 所示，二者小于 0 的数值稍多于大于 0 的数值，其中，*BADH1* 蛋白的最高值为 2. 256，在第 155 和 156 个氨基酸处，疏水性最强；最低值为 -2. 322，在第 63 个氨基酸处，亲水性较强；*BADH2* 蛋白的最高值为 2. 378，在第 180 个氨基酸处，疏水性最强；最低值为 -2. 0，在第 365 和 366 个氨基酸处，亲水性较强。说明 *BADH1* 和 *BADH2* 蛋白属于亲水蛋白。

3. 跨膜结构域分析

进一步利用在线工具 TMHMM 2. 0 Server 对大豆跨膜结构域进行的预测分析结果表明，*BADH1* 和 *BADH2* 蛋白均没有跨膜结构域（图 3-28）。说明该蛋

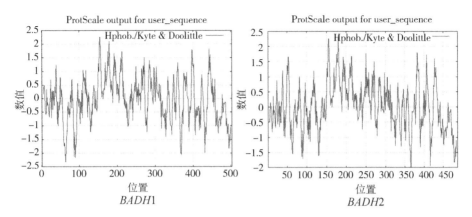

图 3-27　*BADH1* 和 *BADH2* 的亲疏水性分析

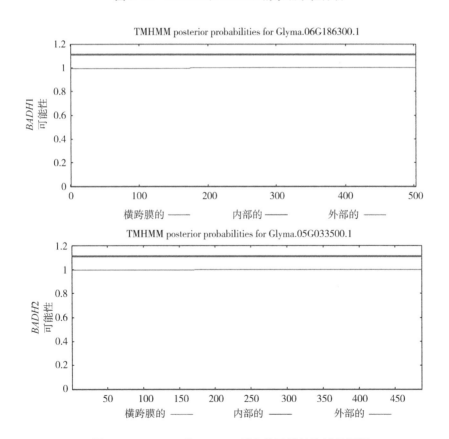

图 3-28　*BADH1* 和 *BADH2* 蛋白的跨膜结构域的预测

白定位于细胞质基质或细胞器基质中，是一种非分泌蛋白或膜蛋白，不能引导蛋白质的跨膜运输。

4. 亚细胞定位预测

利用 PSORT Ⅱ prediction 软件对 *BADH* 蛋白的亚细胞定位的预测结果显示，二者均在细胞核出现的可能性最大（图 3-29）。

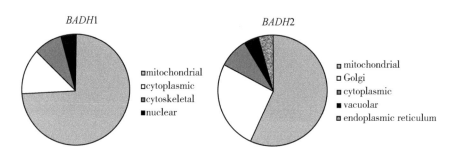

图 3-29　*BADH*1 和 *BADH*2 蛋白的亚细胞定位

5. 磷酸化位点分析

蛋白质磷酸化是生物体内重要的共价修饰之一，与信号转导、细胞周期、生长发育及癌症机理有重要关系，预测其磷酸化位点有重要意义。运用 Netphosk 3.0 Server 在线工具对大豆磷酸化位点的预测结果如图 3-30 所示。

*BADH*1 的丝氨酸磷酸化位点有 38 个，分别为 S4、S7、S59、S67、S68、S72、S83、S137、S145、S187、S191、S226、S227、S235、S239、S240、S244、S258、S265、S295、S298、S305、S324、S338、S350、S354、S364、S386、S405、S423、S427、S437、S453、S465、S481、S490、S499 和 S501；苏氨酸磷酸化位点有 28 个，分别为 T86、T142、T159、T169、T181、T193、T215、T237、T242、T248、T254、T278、T282、T289、T297、T308、T351、T358、T378、T381、T384、T385、T403、T406、T417、T486；酪氨酸磷酸化位点有 11 个，分别为 Y77、Y120、Y121、Y146、Y163、Y342、Y373、Y419、Y479、Y488、Y497。共 77 个磷酸化位点，其中 S88、S354、S405 和 Y342 数值偏高，达到了 0.99 以上。

*BADH*2 的丝氨酸磷酸化位点有 32 个，分别为 S2、S31、S59、S68、S70、S72、S137、S145、S187、S191、S239、S240、S244、S258、S265、S295、S298、S303、S322、S336、S348、S352、S362、S390、S408、S412、S435、S450、S466、S475、S484、S486；苏氨酸磷酸化位点有 23 个，分别 T32、

T43、T86、T142、T159、T169、T193、T215、T237、T242、T248、T282、
T289、T297、T306、T356、T359、T388、T391、T402、T442、T446、T471；
酪氨酸磷酸化位点有 9 个，分别为 Y77、Y121、Y146、Y163、Y340、Y404、
Y464、Y473、Y482。共 64 个磷酸化位点，其中 Y340、和 S352、S390 数值偏
高，高达 0.98 以上。可以看出两种蛋白磷酸化位点分布一致性比较高。

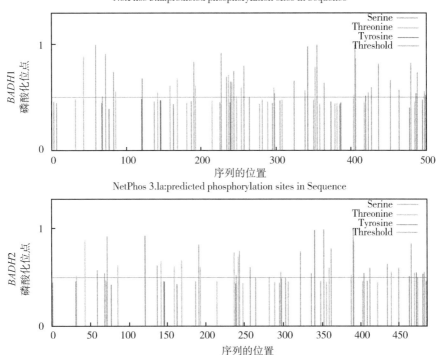

图 3-30 *BADH*1 和 *BADH*2 磷酸化位点预测

（三）大豆 *BADH* 变异分析

1. 大豆 *BADH* 多态性分析

对 1 598 份大豆重测序数据中 *BADH*1 及 *BADH*2 核苷酸和编码氨基酸序列
变异情况的分析结果如表 3-22 所示，1 598 份大豆品种 *BADH*1 基因外显子区
域产生的突变包括 4 种非同义突变和 1 种同义突变；*BADH*2 基因外显子区域
产生的突变包括 8 种非同义突变、1 种同义突变、6 种移码突变。值得注意的
是有 29 份材料的 *BADH*2 基因外显子区域的 6 个位点（包括 41 位、44 位、53

位、57 位、60 位、64 位）碱基发生了移码突变，因此推测可能这 6 个位点与该基因对应的抗旱或香味性状有关。

表 3-22　大豆 *BADH* 的多态性分析

基因	突变类型	碱基变化			氨基酸序列变化			材料数目
		位点	原碱基	突变碱基	位点	原氨基酸	突变氨基酸	
*BADH*1	同义突变	273	A	T	91	亮氨酸	亮氨酸	45
	非同义突变	370	C	T	124	谷氨酸	赖氨酸	1
	非同义突变	388	G	C	130	丙氨酸	甘氨酸	2
	非同义突变	1 334	A	T	445	异亮氨酸	赖氨酸	3
	非同义突变	1 495	G	C	499	组氨酸	天冬氨酸	15
*BADH*2	非同义突变	69	C	G	23	谷氨酸	天冬氨酸	2
	非同义突变	194	A	T	65	苯丙氨酸	酪氨酸	1
	非同义突变	288	C	G	96	谷氨酰胺	谷氨酸	2
	非同义突变	452	T	C	151	谷氨酸	甘氨酸	1
	同义突变	666	T	C	222	甘氨酸	甘氨酸	1
	非同义突变	817	C	T	273	天冬氨酸	丝氨酸	2
	非同义突变	1 399	G	T	467	谷氨酰胺	赖氨酸	1
	非同义突变	1 430	A	T	477	亮氨酸	谷氨酰胺	3
	非同义突变	1 480	G	T	494	脯氨酸	苏氨酸	1
	移码突变	41	CCGTCT	C	13	异亮氨酸 天冬氨酸	缺失	29
	移码突变	44	T	TG	14	天冬氨酸	插入谷氨酸	29
	移码突变	53	ACTTTC-CAG	A	17	天冬氨酸 色氨酸	缺失	29
	移码突变	57	G	GAATT	19	脯氨酸	插入天冬酰胺	29
	移码突变	60	GAC	G, AAC	20	脯氨酸	缺失	29
	移码突变	64	TG	T	21	亮氨酸	缺失	29

2. *BADH*2 变异材料 2-AP 含量分析

以香味材料 KaoriHime 及非香材料 CM60 为对照，对 27 份 *BADH*2 变异材料中 2-AP 含量的测定结果如表 3-23 所示，*BADH* 变异材料的 2-AP 含量均高于普通材料，说明这些 *BADH*2 位点的突变可能导致了大豆芳香性的改变。

表 3-23　*BADH2* 变异大豆 2-AP 含量

编号	基因突变材料	2-AP 含量/mg/L	香型	编号	基因突变材料	2-AP 含量/mg/L	香型
1	KaoriHime	0.36	香	15	哈 13-2958	0.74	香
2	CM60	0.05	非香	16	克 11-1619	0.48	香
3	合丰 44	0.65	香	17	红丰 11	0.25	香
4	合丰 38	0.64	香	18	争光 1 号	0.55	香
5	衢鲜 1 号	0.46	香	19	吉林 3 号	0.17	香
6	临河小粉青	0.40	香	20	青脸豆	0.61	香
7	石官营青豆	0.35	香	21	南通黄油果子	0.32	香
8	合农 97	0.52	香	22	南农 99-10	0.46	香
9	合农 70	0.62	香	23	18NQ0849	0.77	香
10	蒙豆 33	0.67	香	24	红面豆	0.40	香
11	合丰 30	0.49	香	25	通化平定香	0.67	香
12	吉育 701	0.48	香	26	黑生 101	0.88	香
13	南农大红豆	0.5	香	27	绥农 82	0.65	香
14	哈 14-2028	0.73	香	28	吉林 21	0.25	香

（四）大豆 *BADH* 在各组织器官的表达分析

不同部位的基因表达量分析结果如图 3-31 所示，*BADH*1 和 *BADH*2 基因在植株各部位的表达量相差很大，*BADH*1 在植株各部位表达量均较 *BADH*2 高，且在根毛中表达量最高；*BADH*2 在植株各部位表达量相差较大，也在根部表达量最高。结果表明 *BADH*1 和 *BADH*2 在根部的表达量都相对较高，说明两个基因可能与根部较高的抗旱能力有关。

三、讨论

BADH 是甜菜碱合成的关键酶之一，也是很好的胁迫抗性基因之一，可以催化有毒的甜菜碱醛转化为无毒性的甜菜碱，尤其在干旱、盐碱等逆境胁迫下 *BADH* 大量表达合成甜菜碱并积累，从而通过调节细胞内渗透压维持细胞膜稳定性，保护细胞内酶活性（Arikit 等，2010）。在大豆中存在两种编码甜菜碱脱氢酶的同源基因，分别为 *BADH*1 和 *BADH*2，系统进化树显示 *BADH*1 和 *BADH*2 来源于同一个祖先，它们在结构和功能上具有明显的相似性，均编码

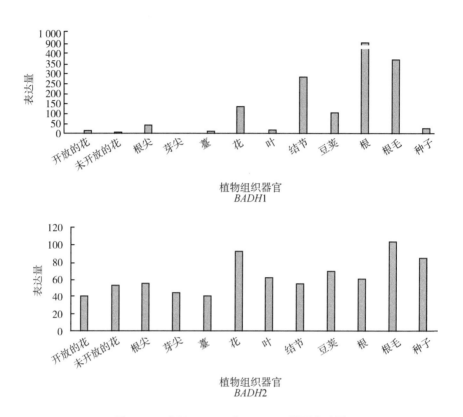

图 3-31　大豆 *BADH*1 和 *BADH*2 基因表达量

甜菜碱醛脱氢酶。*BADH* 基因的氨基酸序列系统进化树显示该双子叶植物 *BADH* 基因聚为一类，这与 Arikit1 等利用 *BADH* 基因的蛋白序列进行系统进化分析表明的近缘物种聚在一起结果非常相似，说明该基因在氨基酸和蛋白质水平上进化模式一致，且在双子叶和单子叶植物中发生了较大变异（Arikit 等，2010）。

　　BADH 蛋白在大豆中被推测定位于细胞核，但在甜菜中该蛋白被定位于叶绿体中，在玉米、高粱等植物中定位于过氧化物酶体中（Wood 等，1996），说明不同物种 *BADH* 亚细胞定位并不同，可能与其功能有关。*BADH* 基因不含跨膜结构域，属于稳定的亲水蛋白，这与弄庆媛等报道的甜菜菠菜、山菠菜、辽宁蓬碱、玉米中的研究结果均一致，说明 *BADH* 蛋白理化性质在不同物种中表现相对保守（弄庆媛等，2012）。

　　*BADH*1 和 *BADH*2 是大豆中与水稻编码甜菜碱醛脱氢酶 *BADH* 基因同源的

两个基因。本研究分析了二者在香味成分中的多态性，发现 *BADH*2 基因的突变导致酶活性降低，而增加大豆香味物质成分 2-AP 的含量。而 *BADH*1 与香味无关，其机理可能是 *BADH*2 基因功能丢失导致 γ 氨基丁醛和吡咯啉的增加导致 2-AP 积累（Wood 等，1996）。这与水稻中报道的只有 *BADH*2 的功能与稻香有关相似（He 等，2015）。

四、结论

本研究利用生物信息学方法，通过水稻 *BADH* 基因同源比对分析，得到大豆 *BADH*1 和 *BADH*2 基因，二者编码的蛋白质序列一致性较高，可以达到 90%，最大似然法构建系统进化树表明二者极其相近，可作为生物遗传分化和分子进化中的重要依据；这两个基因均为断裂基因，分子量、等电点、氨基酸数目均表现出相对一致性；二级结构分析可知 α 螺旋和无规则卷曲是两者二级结构中的主要成分，且两者组成和结构也极其相似；两个蛋白质三级结构有差异，但相似性也比较高；二者蛋白性质比较稳定，氨基酸都表现为亲水性，亚细胞定位可知两者于细胞核出现的可能性最大，无跨膜结构域；根据单倍型及表型分析，*BADH*2 可能与大豆香味性状功能有关。本研究结果为后期深入开展 *BADH* 单倍型分析，基因多样性等的研究提供重要理论依据，同时也为培育大豆抗旱、香味新品种奠定了基础（张永芳等，2021）。

第四章 大豆结瘤性状研究

第一节 大豆结瘤特性筛选研究

大豆属豆科植物，具有结瘤固氮特性。氮是植物生长氨基酸和核酸的主要成分，对植物生长以及发育必不可少，其来源主要是土壤中的氮或是生物固定空气中的氮，土壤本身含氮量较低，主要靠施肥，容易造成环境污染、土壤理化性质改变问题，生物固氮较施肥更环保科学。空气中氮气为游离态氮，不可以被直接吸收利用，需要通过固氮微生物吸收氮气转化为植物可利用的氮，共生固氮占整个生物固氮量的65%以上。根瘤菌是大豆固氮的主要固氮微生物，属于革兰氏阴性菌，与豆科植物固氮后形成根瘤，根瘤再将空气中氮气转化为氨态氮。这对维系生态系统氮循环以及促进农业可持续发展有重要意义，对生态修复也具有无可估量的价值。

国内外许多研究表明，不同基因型大豆结瘤能力不同（翟羽佳等，2023），固氮特性有明显差异（Garner，1985），从大豆根际筛选到的菌株促生能力不同，回结实验所获得的植株性状如植株株高、茎粗、根瘤数、结荚数、植株地上部分鲜质量及干质量也不同（翟羽佳等，2023）。同一种植类型内不同来源地的大豆品种如夏大豆的的高固氮品种数（64.3%）多于春大豆品种（31.7%），以长江流域及其以南产区，尤以湖北、江苏品种最佳（江木兰等，2003）。大豆根瘤菌株以及大豆品种种类繁多，两者之间的共生具有多样性。大量国内外的试验结果证明，用根瘤菌接种大豆对提高植株干重、含氮量及产量效果显著，但接种效果在不同大豆基因型间的表现有较大差异。可见，要建立大豆的高效固氮体系，不仅需要分离、筛选并接种高效固氮菌株，而且还要求具备能有效促进大豆根际固氮作用的大豆品种。为此，有必要对大豆品种结瘤特性进行鉴定，从而探明控制大豆共生固氮能力的遗传背景。

本研究利用9份大豆材料，分别与8株快生根瘤菌株以及5株慢生根瘤菌株进行共生结瘤固氮试验，旨在筛选固氮特性有差异的菌株及亲本，为结瘤基因定位及其遗传性状的研究奠定基础。

一、材料和方法

（一）材料

1. 供试菌株

选择具有代表性的菌株共 18 株，其中慢生根瘤菌 8 株、快生型菌株 10 株。菌种特性见表 4-1。

表 4-1 供试菌株及其来源和特性

菌株	来源	分离宿主	血清型	种属
USDA191	美国	—	191	*S. fredii*
USDA205^T	美国	—	193	*S. fredii*
2048		*G. soja*	2048	*S. fredii*
2053	中国农业科学院土肥所	*G. soja*	2053	*S. fredii*
2058		*G. soja*	2056	*S. fredii*
J19-1	山西省农业科学院	—		*S. fredii*
B16	中国农业大学	—	—	*S. xinjiangensis*
HH103	中国农业大学	—		*S. fredii*
WHG12	中国农业大学	—		*S. fredii*
DE333	河北	*G. max*	—	*S. fredii*
USDA110	美国	—	—	*B. japonicum*
2030	中国农业科学院土肥所	—		*B. japonicum*
B15	中国科学院沈阳生态研究所	—		*B. japonicum*
7501	江苏	—		*B. japonicum*
2178	黑龙江	*G. max*	—	*B. japonicum*
113-2	中国农业科学院油料所	—	113-2	*B. japonicum*
005	中国农业科学院土肥所	—	005	*B. japonicum*
USDA110-A	美国	—	—	*B. japonicum*

注：USDA110-A 是 USDA110 的诱变株，USDA 代表美国农业部。

2. 供试大豆品种

供试大豆品种为我国各大豆产区的主栽品种共 11 份材料。包括绥农 14、绥农 20、商 951099、郑 92116、合丰 25、固新野大豆、中豆 33、中黄 20、北京小黑豆、晋豆 19、黑农 44（表 4-2）。

表 4-2　大豆品种及特征

品种	来源	类型	结荚习性
绥农 14	黑龙江	北方春	亚有限
绥农 20	黑龙江	北方春	无限
中黄 20	北京	黄淮夏	有限
郑 92116	河南	黄淮夏	有限
商 951099	河南	黄淮夏	有限
合丰 25	黑龙江	黄淮夏	亚有限
晋豆 19	山西	北方春	无限
黑农 44	黑龙江	北方春	亚有限
固新野大豆	河南	—	—
北京小黑豆	北京	北方春	无限

注：—，未知，缺中豆 33。

3. 无氮培养液

营养液成分及浓度为 I：KH_2PO_4 1.1g/L，KCl 7.25g/L，$MgSO_4 \cdot 7H_2O$ 12.5g/L；II：$CaCl_2 \cdot 2H_2O$ 21.5g/L；III $MnSO_4 \cdot H_2O$ 0.01g/L，$ZnSO_4 \cdot 7H_2O$，25mg/L，H_3BO_3，25mg/L，$CuSO_4 \cdot 5H_2O$，25mg/L，H_3BO_3 25mg/L，$Na_2MoO_4 \cdot 2H_2O$ 5mg/L；IV：$FeC_6H_5O7 \cdot 5H_2O$ 6.0g/L，$NaNO_3$ 6.0g/L。化学灭菌剂及药品：甲醛（浓度为 37%），固体高锰酸钾，浓硫酸（100%）、消毒水、酒精（75%）。

（二）方法

1. 水培法结瘤鉴定

选择均匀一致的种子 20 粒用 75% 酒精消毒 5min，冲洗干净并吸胀后于无菌操作间装入盛有灭菌蛭石的瓷钵中，种脐朝下，上面覆盖一张厚滤纸，于 25℃ 培养箱中催芽。胚根长出 4cm 左右侧根还未出现时，小心从蛭石中取出长势一致的幼苗，用灭菌蒸馏水冲洗干净，用浸根法接种根瘤菌，将其移于装有灭菌无氮培养液中、滤纸条直径大约为 2.5cm 的试管中，设两个处理，接菌和不接菌，每个处理5株，用耐高温灭菌塑料薄膜覆盖，两天后移去塑料薄膜，用封口膜封口，仅留一小口，每两天浇一次灭菌营养液（图4-1）。40d后统计结瘤数目、侧根数目、茎重、固氮酶活性等指标。

图4-1　大豆水培法结瘤鉴定

由于根瘤菌的共生固氮效率不仅与参与固氮的根瘤菌和植物基因有关，又与生态环境有关。本实验表型鉴定均在严格控菌的可控温温室中进行，基本保证鉴定时的外界环境一致。

2. 根瘤固氮酶活性测定

利用乙炔还原法，安捷伦厂生产的气相色谱仪测定固氮酶活性。在大豆第3片复叶期，把根（连同根瘤）剪下，放到3mL小瓶中，橡皮塞密闭，用注射器注入3mL乙炔气体，28℃温育培养1h。从各培养瓶中取气样50μL，用安捷伦6900型气相色谱仪测定乙烯生成量，色谱条件为玻璃柱长30m，内径0.45mm，担体为GDX502，柱温为60℃，检测器温度为250℃，进样器温度为100℃，气体流量为H_2 60mL/min，N_2 30mL/min，空气400mL/min，检测器为火焰离子发生器（FID），外标法计算结果，以C_2H_4μL/（g·h）表示固氮酶活性。

乙烯浓度=（0.5053+峰高）/1.1618（外标法-标准曲线：$Y=1.1618X-0.5053$ $R^2=0.9962$）

乙烯含量=乙烯浓度×25

固氮酶活性=乙烯含量/（根瘤质量×时间）

二、结果与分析

(一) 不同慢生根瘤菌株与不同大豆品种固氮相关特性比较

不同的慢生大豆根瘤菌与大豆品种的结瘤能力存在差异 (表4-3, 图4-2), 结瘤范围为16.7%~100%。以USDA110-A、USDA110、B15、113-2与所试材料的结瘤率最高为100%; 而2178与所试材料的结瘤率次之为80%; 2030的结瘤率为66.7%; 而005与11份材料的结瘤率为63.6%, 7501的结瘤率较低仅为16.7%。

表4-3　慢生大豆根瘤菌与大豆品种结瘤结果

品种	大豆根瘤菌菌株								平均结瘤率(%)
	USDA 110-A	USDA 110	B15	113-2	2178	2030	005	7501	
绥农14	+	ND	ND	ND	+	ND	+	ND	100
郑92116	+	+	+	+	+	+	+	ND	100
商951099	+	+	+	+	+	+	+	ND	100
北京黑豆	+	+	+	+	+	+	+	ND	100
合丰25	ND	+	+	+	-	+	+	-	85.7
中豆33	ND	+	+	+	-	+	+	-	71.4
中黄20	ND	+	+	-	ND	+	+	-	66.7
固新野生大豆	+	+	-	+	+	-	-	+	62.5
晋豆19	ND	+	+	+	+	-	-	-	57.1
黑农44	ND	-	+	+	+	-	-	-	42.9
绥农20	+	ND	ND	ND	-	ND	-	ND	33.3
总结瘤率(%)	100	88.9	88.9	88.9	80	66.7	63.6	16.7	

注: +: 正常结瘤; -: 不结瘤; ND: 未测定。

不同的大豆品种与慢生大豆根瘤菌的结瘤能力也存在差异 (表4-3), 结瘤范围为33.3%~100%。如绥农14 (黑龙江)、郑92116 (河南)、商951099 (河南)、北京小黑豆与所试菌株的结瘤率均为100%; 合丰25 (黑龙江) 所试菌株的结瘤率为85.7%; 中豆33 (北京) 与所试菌株的结瘤率为71.4%; 中黄20 (绥化) 与所试菌株的结瘤率为66.7%; 固新野生豆与所试菌株的结瘤率为62.5%; 晋豆19与所试菌株的结瘤率为57.1%; 黑农44与所试菌株的

绥农14*005　　　绥农20*005　　　　　合丰25*2178　　　固新*2178

图4-2　接种不同根瘤菌株对不同大豆品种结瘤的影响

结瘤率为42.9%；绥农20与所试菌株的结瘤率最低为33.3%。

（二）不同快生型根瘤菌株与不同品种的结瘤特性

来源于辽宁、湖北、新疆、山西等地的10个不同的快生大豆根瘤菌与大豆品种之间的结瘤能力有明显的差异（表4-4），结瘤率范围为25%~100%。其中WHG12、USDA205[T]、B16最高均为100%；HH103其次为80%；2058为57.1%；2048为66.7%；DE333为55.6%；USDA191为40%；以2053、J19-1最低，均为25%。

不同大豆品种与快生大豆根瘤菌的结瘤能力也存在差异（表4-4），结瘤率范围为0%~100%。以北京小黑豆、郑92116、商951099以及固新野生豆结瘤有效率最高，均达到100%；绥农14为82%；绥农20为60%；合丰25为44%；而黑农44、中黄20的结瘤率为0。可见，与慢生大豆根瘤菌相比，快生大豆根瘤菌对大豆品种的匹配性要求更严。

（三）商951099、郑92116与根瘤菌株结瘤生长特性

商951099和郑92116分别与快生、慢生根瘤菌株接种后的根瘤鲜重进行方差分析（表4-5）。结果表明，在慢生根瘤菌株中，除113-2外，其他5株根瘤菌株接种这两个大豆材料后根瘤鲜重均差异显著（$0.01<P<0.05$）或极显著（$P<0.01$）；而在快生型菌株中，除WHG12、B16接种在两个材料的根瘤鲜种不形成显著差异外，其他4个菌株2048、205、HH103、DE333均在两个材料存在显著（$0.01<P<0.05$）或极显著（$P<0.01$）差异。

表4-4　快生大豆根瘤菌与大豆品种结瘤结果

大豆	大豆根瘤菌菌株										结瘤率（%）
	WHG12	USDA205^T	B16	HH103	2058	2048	DE333	USDA191	2053	J19-1	
北京小黑豆	+	+	+	+	+	+	+	+	+	+	100
固新野大豆	+	+	+	+	+	+	+	+	ND	ND	100
商951099	+	+	+	ND	+	+	+	ND	ND	ND	100
郑92116	+	+	ND	ND	+	+	+	ND	ND	ND	100
绥农14	+	+	+	+	ND	ND	-	ND	ND	ND	80
绥农20	+	+	+	-	ND	ND	-	ND	ND	ND	60
合丰25	+	ND	+	+	-	ND	+	-	-	-	44
黑农44	ND	ND	ND	ND	-	-	-	-	-	-	0
中黄20	ND	ND	ND	ND	-	-	-	-	-	-	0
总结瘤率（%）	100	100	100	80	57.1	66.7	55.6	40	25	25	

表 4-5　大豆品种商 951099、郑 92116 与根瘤菌株结瘤生长特性

菌株	商 951099 根瘤鲜重/株（mg）（平均值±标准差）	郑 92116 根瘤鲜重/株（mg）（平均值±标准差）
B15	68±19 **	164±9 **
USDA110	100±30 **	183±4 **
2030	89±4 **	117±20 **
2178	82±7 *	154±3 *
005	62±15 *	152±13 *
113-2	80±32	153±55
2048	60±8 **	157±11 **
205	57±7 **	152±13 **
HH103	70±11 *	158±36 *
DE333	58±10 *	189±31 *
WHG12	72±16	155±60
B16	48±2	147±63

＊为显著差异，＊＊为极显著差异，均是商与郑相比较。

-线段上方为慢生型菌株结瘤性状，下方为快生型菌株结瘤性状　NFW 为根瘤鲜重。

（四）绥农 14、绥农 20 与根瘤菌株结瘤生长特性

表 4-6、表 4-7 是重要结瘤性状鉴定的结果。筛选的是表 4-3、表 4-4 中有差异的亲本组合。从表 4-6 可以看出绥农 14（黑龙江）与快生型菌株 US-DA205^T（美国）、HH103（河南）及慢生型菌株 2178（黑龙江）均形成有效根瘤，而绥农 20（黑龙江）与这 3 株菌均不结瘤。可见，绥农 14 结瘤性能较绥农 20 结瘤性能好，且方差分析表明二者与 3 株菌株结瘤性状差异极显著。如：绥农 14、绥农 20 与快生型菌株 USDA205^T 接种后结瘤数目差异极显著、与快生型菌株 HH103 接种后根瘤鲜重差异极显著；与慢生型菌株 2178 接种后结瘤数目、根瘤鲜重、固氮酶活性均差异显著。表 4-7 可以看出合丰 25 与慢生根瘤菌株 2178、2030 均形成有效根瘤，而与快生型根瘤菌株 2058、USDA205^T 却均不结瘤。固新野生大豆与快生根瘤菌株 2058、USDA205^T，慢生型菌株 2178 形成有效根瘤，而与慢生根瘤菌株形成无效结瘤，可见品种对菌株结瘤具有选择性；所试 5 株菌株中，慢生根瘤菌株 2178 与合丰 25、固新

野生大豆均形成良好的共生匹配，且固新野生大豆结瘤数目、固氮酶活性均高于合丰 25，即固新野生大豆结瘤性能好于合丰 25；方差分析表明二者接种 2178 后，重要结瘤性状均差异极显著。在接种快生型菌株 2058、USDA205^T 后二者固氮酶活性也形成显著性差异。

表 4-6　绥农 14、绥农 20 结瘤情况

根瘤菌株	绥农 14			绥农 20		
	结瘤数目 NN	根瘤鲜重 NFW	酶活 ANF	结瘤数目 NN	根瘤鲜重 NFW	酶活 ANF
USDA 205^T	20 **	0.05	1069	0 **	0.00 **	0
HH103	12	0.06 **	584.425	0	0.00 **	0
2178	13 **	0.06 **	149	0 **	0.00 **	0

注：** ：在 0.01 水平上差异极显著 NN：结瘤数目；ANF：固氮酶活性。

表 4-7　大豆品种合丰 25、固新野生与根瘤菌株结瘤生长特性

根瘤菌株	合丰 25			固新野生		
	结瘤数目 NN	根瘤鲜重 NFW	固氮酶活 ANF	结瘤数目 NN	根瘤鲜重 NFW	固氮酶活 ANF
2058	0	0	0 **	6	0.03	3 473 **
2178	2 **	0.14 **	1 180 **	6 **	0.09 **	3 228 **
2030	6	0.02	356	0	0	0
7501	0	0	0	0	0.01	198
USDA205^T	0	0	0 **	6	0.03	2 704 **

注：** ：在 0.01 水平上差异极显著。

三、结果与讨论

根瘤是根瘤菌和豆科植物相互识别、相互对话的结果。提高豆科植物固氮效率及根瘤菌的竞争结瘤能力关键是筛选到竞争结瘤能力强的根瘤菌株及高效固氮的大豆品种。

在本研究中，有 4 个品种接种根瘤菌株后，结瘤很少或者大都是无效结瘤，表明它们与供试大豆品种的共生有效性低。如中豆 33 与 2178、7501 结瘤不匹配；晋豆 19 与 2030、005、7501 结瘤不匹配；中黄 20 与 113-2、7501 结瘤不匹配。黑农 44 与菌株 WHG12、USDA205、B16、HH103 结瘤不匹配、中黄 20 与根瘤菌株 2058、2048、DE333、USDA191、2053、J19-1 结瘤不匹配。

这可能是大豆品种的基因型限制了根瘤菌株的类型或血清型（Cregan，1989）。

　　参试品种中有5个品种接种菌株后结瘤率达80%以上，出现根瘤的时间早，而且与多个根瘤菌结瘤。其中，商951099、郑92116、北京小黑豆3个材料与所有供试菌株均形成有效结瘤，结瘤率为100%；绥农14与3个慢生根瘤菌结瘤率为100%，与4个快生根瘤菌结瘤率为80%；而固新野生大豆与所有快生根瘤菌结瘤率为100%；合丰25仅与慢生根瘤菌结瘤率为85.7%。在这些品种中，绥农14和合丰25是高产品种。如绥农14是近年来国内推广面积最广的品种，而合丰25是曾经种植时间最长，累计推广面积最大的品种。需要指出的是这两个品种具有亲缘关系，说明这些品种的高产特性可能与结瘤固氮效率高有关。

　　本研究中USDA110、113-2、2178与大豆材料的结瘤率分别达100%、88.9%、80%为广谱菌株；这与前人研究结果一致（Cregan，1989）。但本研究中2048与参试品种结瘤率为66.7%，与前人研究结果（结瘤率为100%）不一致，可能与所用品种不同有关（张永芳等，2009）。

第二节　大豆苗期结瘤固氮相关性状的 QTL 分析

　　大豆与根瘤菌共生固氮是生长发育所需氮素的主要来源，然而随着氮肥施用量的增加不仅抑制了豆科植物-根瘤菌共生固氮作用，而且给生态环境带来了不利的影响（沈世华等，2003）。提高豆科植物固氮效率对于实现农业、环境和生态的可持续利用、发展具有重要意义。

　　有关控制结瘤固氮能力遗传机制的研究，集中在共生体系的表型鉴定上，主要包括植株根瘤数目、根瘤鲜重、固氮酶活性、侧根数、茎干重这5个重要指标（谭娟，2007；王卫卫等，2003）。研究表明豆科作物固氮效率在不同品种和不同菌系间差异很大。研究人员指出共生固氮的不同阶段是由植物与根瘤菌两方面的基因共同控制的（Nutman，1967）。目前对二者分子信号之间的交换（分子对话）、生理代谢机理研究有了重大进展（Hungria 等，1997）。如结瘤共生固氮早期根瘤与根中差异表达基因的研究（谢荣等，2006），结瘤突变体与野生型大豆共生相关差异表达基因的研究（Puji 等，2006）；类菌体和根瘤之间物质代谢的研究等（Stougard，2000）；部分根瘤菌株基因序列以及BAC 文库已经获得或构建（Colebatch，2002；Kaneko 等，2002）；许多植物结瘤素基因、耐氮基因已被分离、鉴定，如 *ENOD*2（Wiel 等，1990）、*ENOD*5（Wiel 等，1990）、*ENOD*12（Pichon 等，1992）、*ENOD*40（Charon 等，

1997）以及 *NTS*（Carrol 等，1985）等；在结瘤因子信号的接受、传导和根瘤的反馈控制机制中具有关键性作用激酶已有报道如从百脉根（*Lotus japonicus*）和蒺藜苜蓿（*Medicago truncatula*）中克隆的 LysM 类结瘤因子受体激酶 NFR1/NFR5（Radutoiu 等 2003；Madsen 等，2003）和 LYK3（Smit 等，2007）豌豆（*Pisum sativum*）蛋白激酶 SYMRK（symbiosis receptor – like kinase），紫花苜蓿、蒺藜苜蓿和豌豆的 *NORK*（nodulation receptor kinase）（Stracke 等，2002；Endre 等，2002）百脉根的 *HAR*1（Krusell 等，2002），大豆（*Glycine max*）结瘤介导的长距离信号类受体激酶 *CLAVATA*1。研究人员利用 SNP 鉴定的方法用超结瘤突变体对控制大豆结瘤的基因——GmNARK 进行鉴定和开发（Kim 等，2005）。但对如何利用其复杂的机理提高结瘤及固氮还是未知的。在控制共生结瘤固氮定位方面，科学家将控制大豆结瘤的基因（*Rj*1、*Rj*2）分别定位到 D1b、J 连锁群上（kilen 等，1987）；Landau 等利用 RFLP 方法表明控制大豆结瘤、超结瘤位点与分子标记 pA-132 紧密连锁，并将耐硝酸盐结瘤基因 Nts 定位到 E 连锁群（Landau 等，1991）。有关大豆固氮基因的定位仅巴西 Nicolás 等用 Embrapa 20（medium）×BRS 133（low）组合 F2：3 接种菌株 USDA110 进行研究。与 F_2 群体相比，RIL 为永久性群体，可以进行多年多点的重复试验，是研究 QTL 作图、基因与环境互作的理想材料（Nicolás 等，2006）。

本研究利用已经建立遗传图谱的合丰 25×固新野大豆 RIL 群体 F_{11} 为材料，对其进行结瘤固氮性状鉴定和 QTL 分析，旨在揭示控制大豆与根瘤菌株固氮能力的遗传基础，为利用分子标记辅助选择高固氮品种提供理论依据。

一、材料和方法

（一）实验材料

1. 植物材料
所用的群体为合丰 25×固新野大豆 F_{11}RIL 群体 104 个株系。

2. 根瘤菌株
利用的根瘤菌株为在亲本中结瘤性状有明显差异的黑龙江省慢生根瘤菌株 2178，分离自黑龙江省佳木斯市，寄主为大豆栽培品种 627。经鉴定为革兰氏阴性菌，菌落在含刚果红 YMA 培养基上 5~7d 生长出乳白色圆形菌落。直径 2~4μm，菌体长杆菌（0.5~0.6）×（3~5）μm，回接后可在大豆上结瘤，确定为一株慢生大豆根瘤菌。该菌株具有广谱的特点。菌株用 YMA 培养（其成分及浓度为：甘露糖醇 10g/L，K_2HPO_4 0.5g/L，$MgSO_4 \cdot 7H_2O$ 0.2g/L，NaCl 0.1g/L，酵母粉 0.8g/L，$CaCO_3$ 1.5g/L，超纯水）。

（二）实验方法

1. 水培法结瘤鉴定

选择均匀一致的种子 20 粒用 75% 酒精消毒 5min，冲洗干净并吸胀后于无菌操作间装入盛有灭菌蛭石的瓷钵中，种脐朝下，上面覆盖一张厚滤纸，于 25℃ 培养箱中催芽。胚根长出 4cm 左右侧根还未出现时，从蛭石中小心取出长势一致的幼苗，用灭菌蒸馏水冲洗干净，用浸根法接种根瘤菌，将其移于装有灭菌无氮培养液、滤纸条直径大约为 2.5cm 的试管中，设接菌和不接菌两个处理，每个处理 5 株，用耐高温灭菌塑料薄膜覆盖，两天后移去塑料薄膜，用封口膜封口，仅留一小口，每两天浇一次灭菌营养液。营养液成分及浓度为 I：KH_2PO_4 1.1g/L，KCl 7.25g/L，$MgSO_4 \cdot 7H_2O$ 12.5g/L；II：$CaCl_2 \cdot 2H_2O$ 21.5g/L；III：$MnSO_4 \cdot H_2O$ 0.01g/L，$ZnSO_4 \cdot 7H_2O$，25mg/L，H_3BO_3，25mg/L，$CuSO_4 \cdot 5H_2O$，25mg/L，$Na_2MoO_4 \cdot 2H_2O$ 5mg/L；IV：$FeC_6H_5O_7 \cdot 5H_2O$ 6.0g/L，$NaNO_3$ 6.0g /L。40 天后统计结瘤数目、侧根数目、茎重、固氮酶活性等指标。

由于根瘤菌的共生固氮效率不仅与根瘤菌和寄主植物的基因有关，也与生态环境有关。本实验表型鉴定均在严格控菌的可控温温室中进行，基本保证鉴定时的外界环境一致。

2. 根瘤固氮酶活性测定

利用乙炔还原法，安捷伦厂生产的气相色谱仪测定固氮酶活性。在大豆第 3 片复叶期，把根（连同根瘤）剪下，放到 3mL 小瓶中，橡皮塞密闭，用注射器注入 3mL 乙炔气体，28℃ 温育培养 1h。从各培养瓶中取气样 50μL，用安捷伦 6900 型气相色谱仪测定乙烯生成量，色谱条件为玻璃柱长 30m，内径 0.45mm，担体为 GDX502，柱温为 60℃，检测器温度为 250℃，进样器温度为 100℃，气体流量为 H_2 60mL/min，N_2 30mL/min，空气 400mL/min，检测器为火焰离子发生器（FID），外标法计算结果，以 C_2H_4 μL/（g·h）表示固氮酶活性。

乙烯浓度 =（0.5053+峰高）/1.1618（外标法–标准曲线：$Y = 1.1618X - 0.5053$ $R^2 = 0.9962$）

乙烯含量 = 乙烯浓度×25

固氮酶活性 = 乙烯含量/（根瘤质量×时间）

3. DNA 提取与 PCR 扩增

按照天根公司快捷型植物基因组 DNA 提取系统（非离心柱型）试剂盒提取叶片总 DNA。PCR 反应体系含 8.1μL ddH$_2$O 100ng 模板 DNA 2×PCR 缓冲液、3mmol dNTP、6pm SSR 引物、1U Taq DNA 聚合酶。所用引物购自上海生工生物工程技术服务有限公司。PCR 反应程序为：95℃预变性 5min，94℃变性 30s，47℃退火 1min，72℃延伸 30s，共运行 35 个循环，最后 72℃延伸 5min。扩增产物用 6%聚丙烯酰胺凝胶电泳分离，分离过程中保持 100W 恒定功率，银染检测。

4. QTL 定位分析及方差显著性分析

QTL 分析利用 Mapmaker 软件对 158 个 SSR 分子标记进行实验数据的统计分析，并构建分子标记连锁图谱，采用的 LOD 值为 2.0。正态分布检验利用 SAS 9.0 分析。

二、结果与分析

（一）接种根瘤菌对亲本品种及群体的影响

亲本及 RIL 群体 104 个株系对照未接种材料均未结瘤，说明本实验已达到严格控菌，接菌材料数据可靠。由表 4-8 可以看出，除茎干重外，合丰 25 与固新野大豆在固氮酶活性、根瘤鲜重、结瘤数目、侧根数目均存在显著的差异。在 RIL 群体中均表现出超亲分离。对 RIL 群体结瘤数目等四个指标进行 W 正态分布检验，除结瘤数目峰值大于 1 外，其余峰值、偏斜度均小于 1。表现出正态分布的特点。该群体适合 QTL 分析。

表 4-8 RIL 亲本及 RIL 群体结瘤固氮性状表现

性状	亲本		重组自交系群体					
	合丰 25	固新	平均值	变幅	变异系数	标准差	峰度	偏斜度
固氮酶活性 [μmol/（g·h）] ANF	1 180.81B	4 744.596A	3 228.88	364.46~6 881	0.42	1 383.62	0.23	0.41
瘤鲜重（g）NFW	0.14B	0.09A	0.1	0.025~0.311	0.5	2.33	2.903	0.91
结瘤数目（个）NN	2B	6A	4.55	1~15	0.48	0.05	0.61	0.78
侧根数目 NLR	60B	44A	47.04	8~77	0.23	1.08	0.88	-0.29

（续表）

性状	亲本		重组自交系群体					
	合丰25	固新	平均值	变幅	变异系数	标准差	峰度	偏斜度
茎干重（g）DWS	0.13	0.08	0.12	0.013~0.288	0.44	0.05	0.33	0.809

注：不同的大写字母代表1%差异极显著。

ANF，Activity of nitrogen fixation；NFW，Noudule fresh weight；NN，No. of nodulation；NLR，Number of lateral root；DWS，Dry weight of stem.

（二）大豆结瘤相关性状的 QTL 分析

利用 158 个 SSR 标记，构建了连锁图谱总长 581.9cM，标记间平均距离为 3.68cM，适于进行数量性状 QTL 定位。应用 Mapmaker 软件进行结瘤性状的 QTL 定位分析，结果见表 4-9，共检测到 8 个与固氮相关的 QTL，其中，影响固氮酶活性的有 2 个 QTL，位于 satt050-satt717 和 satt486-satt498 区间，其加性效应值可解释表型方差的 7.65% 和 9.2%，影响根瘤鲜重的有 2 个 QTL，分别位于 satt162-satt292 和 satt150-satt376 区间，可解释表型方差的 15.05% 和 9.82%，影响侧根数的有 3 个 QTL，分别位于 satt418-satt523、satt633-satt679、satt050-satt073 区间，可以解释表型方差的 9.3%、7.26%、11.8%。定位于 7 个连锁群，分别为 A1、L、O、D1b、D2、C2、I，说明这些 QTL 对结瘤起增效或者起减性作用，并且在亲本间呈基因分散态。其中固氮酶活与侧根数均在 A1 连锁群上有分布，说明该连锁群既与根系性状有关，又与固氮性状有关。瘤数没有相关标记与其连锁。除 D2、C2 连锁群上的 QTL，固氮性状等位基因来源于合丰 25 外，其余均来自父本固新野大豆（表 4-9、图 4-3）。

表 4-9　合丰 25×固新野大豆接种根瘤菌株 2178 固氮性状的 QTLs 及其遗传效应

表型性状	连锁群	标记区间	阈值	贡献率（%）	加性效应值	等位基因来源
固氮酶活 ANF	A1	satt050-satt717	2.13	7.65	-598.992	固新
	D2	Satt498-satt486	2.67	9.2	4 240.942	合丰25
瘤鲜重 NFW	I	Satt162-satt292	4.55	15.05	-0.0203	固新
	C2	Satt376-satt150	2.06	9.82	0.0173	合丰25
侧根数目 NLR	L	satt418-satt523	2.3	9.3	-4.6094	固新
	O	satt633-satt679	2.02	7.26	-4.139	固新
	A1	satt073-satt050	3.3	11.8	-5.7159	固新

（续表）

表型性状	连锁群	标记区间	阈值	贡献率（%）	加性效应值	等位基因来源
茎干重 DWS	D1b	satt005−satt600	2.62	9.21	−0.1612	固新

（三）分子标记与表型的回归分析

标记位点与表型性状一元回归分析，结果见表图4-3、表4-10，固氮酶活性与标记位点 satt292、satt461、satt545 有极显著的回归相关（$P<0.01$）。决定系数分别为 0.87、1.00、1.00，结瘤数目与标记 satt231 和 satt332 极显著相关（$P<0.05$），决定系数分别为 0.84 和 0.99。茎干重与 satt564、satt080 和 satt239 呈极显著相关，决定系数分别为 0.92、0.99 和 1.00。

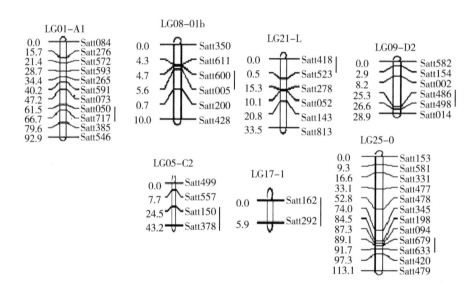

图4-3　大豆固氮性状 QTLs 在连锁群的位置

表4-10　分子标记与表型线性回归分析

连锁群	标记	决定系数 R^2		
		固氮酶活 NFA	结瘤数目 NN	茎干重 DWS
MLG I	satt292	0.87 **	—	—
MLG D2	satt461	1.00 **	—	—
MLG A1	satt545	1.00 **	—	—

（续表）

连锁群	标记	决定系数 R^2		
		固氮酶活 NFA	结瘤数目 NN	茎干重 DWS
MLG E	satt231	—	0.84 **	—
MLG B1	satt332	—	0.99 **	—
MLG G	satt564	—	—	0.92 **
MLG N	satt080	—	—	0.99 **
MLG I	satt239	—	—	1.00 **

注：** 在 $P \leqslant 0.01$ 水平差异及显著。

三、讨论

重组自交系（RIL）群体是经过多代连续自交获得，家系内基因型纯合，稳定一致，不存在分离，适合进行多年、多点、多重复试验，是研究 QTL 作图、基因与环境互作的理想材料。实验利用的群体是本实验室利用 SSR 标记构建好遗传图谱的永久性群体（F_{11} 代 RIL），适于进行 QTL 分析。通过作图和定位研究结果显示，存在 8 个具有加性效应的结瘤固氮 QTL，表明大豆苗期固氮性状是由不同的基因控制的。用常规有性杂交技术难于将这些分散的有利基因集中起来而达到选育高固氮品种的目的，通过分子标记辅助选育技术有较大可能做到这点。通过表型与分子标记的关联分析表明固氮酶活性、结瘤数目、侧根数目与 8 个分子标记显著相关。这几个标记有利于下一步在此区间进行精细定位或者遗传分析。

本研究定位的与固氮酶活性相关的 satt050 也与种子产量相关（Dandan 等，2008）；而与根瘤鲜重相关的 satt162 和 satt292 分别与抗大豆胞囊线虫（蒙忻等，2003）及 β 球蛋白低含量（Panthee 等，2004）相关；与茎干重相关的 satt239 也与高蛋白、低脂肪含量相关（Teuku 等，2003）；从上述结果表明，一方面，可能是与标记连锁的基因具有一因多效的功能；另一方面，这些性状的功能基因可能成簇存在。

与根瘤鲜重相关的 satt292 与本研究回归分析中得出的结果（与固氮酶活性相关）相似，也与 Nicolás 定位结果一致（Nicolás 等，2006）。同时，本研究定位涉及的连锁群 D1b、E、B1 与大豆结瘤基因 R_{j1}（D1b）（Kilen 等，1987）、耐硝酸盐结瘤基因 nts（E）（Landau 等，1991）、茎干重（B1）（Nicolás 等，2006）所在连锁群一致，但标记与基因在连锁群上的位置不同。应加强对这些连锁群 QTL 进一步检测，分析其在结瘤固氮性状中的作用。

研究人员利用回归分析表明 3 个连锁群上 6 个分子标记如：MLGB1（Satt197、Satt251、Satt509）、MLGB2（Satt066）、MLGH/J（Satt192）与结瘤固氮性状相关（Nicolás 等，2006）。这与本研究指出的标记 Satt332 所在连锁群 MLGB1 一致，但标记与基因在连锁群上的位置不同，说明 MLGB1 是值得加强检测的连锁群，其区域的标记可能有利于图位克隆和序列分析。

与大豆共生的根瘤菌株分为快生型根瘤菌和慢生型根瘤菌，它们与大豆品种共生效应有很大差异，所以选择合适的根瘤菌菌株和大豆品种进行研究对于提高共生固氮效率是非常重要的。前人研究表明快生根瘤菌对大豆品种选择性强于慢生型根瘤菌，适应性窄（葛诚等，1984，1994；樊蕙等，1992），所以慢生性根瘤菌的应用及研究相对较多。Nicolás 定位所用根瘤菌株是慢生根瘤菌株 USDA11（Nicolás 等，2006）。本研究所用的 2178，分离自黑龙江省佳木斯市的一株慢生大豆根瘤菌，该菌株为土壤中稳定性较强且具有广谱性的根瘤菌菌株，是我国大豆的优良共生体（葛诚等，1984，1994；樊蕙等，1992）。本研究也表明该菌株结瘤性能好，且能在合丰 25×固新野生豆上形成结瘤固氮差异。其中，大豆品种合丰 25 是全国种植时间最长（20 多年）且累计种植面积最大（达 1.8 亿亩）的栽培大豆品种。固新野生大豆是结荚较多的野生大豆。因此，品种的选择也为利用基因组学先进的分子生物技术手段揭示共生固氮过程中根瘤菌与其宿主的分子应答机制提供了良好的材料。

本研究所定位性状标记与 Nicolás 等对结瘤基因定位结果相一致的较少。可能与所用的亲本、或根瘤菌株不同有关，也可能与遗传图谱的标记密度不够有关。另外，结瘤易受光照等条件的影响，因此，鉴定可重演 QTL 对于大豆固氮基因发挥具有重要意义（张永芳，2008）。

第三节　绥农 14 系谱材料与菌株 2178 结瘤相关性状的分析

绥农 14 是我国主推种植品种之一，早在 1996 年起就开始在黑龙江、吉林、内蒙古等地广泛推广（付亚书等，2017）。这主要是由于绥农 14 有效地集中互补了国内外多个优秀亲本的优良性状，具有良好的遗传基础和优良种性，品质好，商品率高，蛋白质含量 41.72%，脂肪含量 20.48%，两项之和达 62.2%（秦君，2008）。母本合丰 25 秆强、节短、适应性广，有优异亲本克 4430-20、合丰 23、国外品种十胜长叶血缘，是当时应用推广面积最大的品种；父本绥农 8 号植株高大、分枝力强、节多粒大，有配合力强的亲本绥农 4 号、国外品种 Amsoy 的血缘（秦君等，2008）。这使得绥农 14 号把很多个具有优良性状的目的基因组合在一起，实现多基因重组、累加、互补等遗传效应，使其丰产、稳产，适应性强，蛋白质含量高。研究人员应用甲基磺酸乙酯（EMS）对绥农 14 大豆种子进行诱变并构建大豆突变体库，获得的突变体可以作为新的种质资源，同时构建的突变体库也有助于大豆功能基因组研究的发展（谢圣男等，2013）。

根瘤菌（*Rhizobium*）是生活在土壤中的革兰氏阴性细菌，能在豆科植物上共生形成根瘤，根瘤能在常温常压下，将空气中的氮气转化为氨，给植物提供氮素，根瘤是天然的氮肥工厂（伍慧，2018）。依据已分离和鉴定的根瘤菌属和种来看，大豆对根瘤菌有一定的选择性，只能与中华根瘤菌属（*Sinorhizobium*）和慢生根瘤菌属（*Bradyrhizobium*）形成共生体系，且不同地区有不同的优势根瘤菌属及种群（张璐，2017）。大量研究表明，快生根瘤菌对大豆品种的选择性高于慢生型根瘤菌，但适应性窄，所以对慢生性根瘤菌的应用及研究较多。如陈文新院士课题组对中国大豆根瘤菌的遗传多样性研究认为，慢生型大豆根瘤菌（*Bradyrhizobium japonicum*）在中国的分布最广；伍惠等研究表明黑龙江省区域全部为慢生根瘤菌（伍惠等，2018）。2178 是来源于黑龙江省佳木斯市一株慢生大豆根瘤菌，该菌株在土壤中稳定性较强且具有广谱性，是我国大豆的优良共生体（张璐，2017）。作者前期研究也表明该菌株结瘤性能好，且能在合丰 25×固新野生大豆野生的 RILs 群体上形成结瘤固氮差异（张永芳等，2009）。

共生固氮的不同阶段是由植物与根瘤菌两方面的基因共同控制的（Nutman，1967）。前人更多集中在结瘤匹配实验或者根瘤菌株定位及遗传方面的研究，而对于系谱材料结瘤性状的追溯研究甚少。

为了提高大豆固氮能力，研究高固氮菌株在绥农 14 系谱材料中的结瘤基因在绥农 14 系谱中的遗传方式。本实验在严格控菌条件下，对绥农系谱材料与慢生根瘤菌株 2178 进行结瘤匹配实验鉴定，采用无氮营养液水培法进行结瘤实验，测定绥农系谱材料的株高、结瘤数目、侧根数目、根瘤鲜重、茎干重、固氮酶活性等指标，并对所得数据进行分析，得出结瘤效果，这对追踪结瘤基因在亲本中的传递从而明确绥农 14 优良性状的来源有着重要意义。

一、材料与方法

（一）实验材料

1. 大豆品种

由于绥 70-6，克 69-5236 和 F1 未保存下来，故本研究只研究其余 14 个品种（见图 4-4）。绥农 14 遗传基础好且种性优良，它是由合丰 25 号与绥农 8 号杂交而成。而合丰 25 秆强、抗病、株高中等、亚有限结荚习性、顶荚丰富、主茎结荚密、高产稳产、适应性广；绥农 8 号植株高大、秆强、高抗灰斑病、分枝力强、无限结荚习性、节多、粒大、高产、稳产、适应性广。绥农 14 号集中了这两个优秀品种的优良性状，在保持顶荚丰富、秆强、抗病、适应性广的基础上，使株高、分枝力、节数、荚数、有了很大的提高；而且绥农 14 增产的潜力也大，1991—2001 年 11 年间在黑龙江省鉴定实验表明，其平均亩产 2 386.2～4 375kg/hm²，比合丰 25 号增产 12.4%～17.02%；另外，绥农 14 适应性广、稳产性强、品质优良、抗逆性强、病虫害轻，无论在雨水充足，土质肥沃，栽培水平较高的地区还是在土质瘠薄、干旱较重的地区，产量都很高。这可能与其根系发达，植株繁茂，长势强有关。

2. 根瘤菌株

本研究使用的根瘤菌株为慢生根瘤菌株 2178，该菌株来源于黑龙江省佳木斯市一株慢生大豆根瘤菌，具有广谱的特点。由中国农业科学院土肥所微生物实验室提供。

3. 培养基（液）配方

YMA 培养基：甘露糖醇 10g，K_2HPO_4 0.5g，$MgSO_4 \cdot 7H_2O$ 0.2g，NaCl 0.1g，酵母粉 0.8g，$CaCO_3$ 1.5g，刚果红（0.5%）5mL 定容到 1 L（pH 6.8～7）加热灭菌。

营养液成分：I：KH_2PO_4 1.1g，KCl 7.25g，$MgSO_4 \cdot 7H_2O$ 12.5g（1L）；Ⅱ：$CaCl_2 \cdot 2H_2O$ 21.5g（1L）；Ⅲ：$MnSO_4 \cdot H_2O$ 0.01g，$ZnSO_4 \cdot 7H_2O$ 25mg，H_3BO_3 25mg，$CuSO_4 \cdot 5H_2O$ 25mg，H_3BO_3 25mg，$Na_2MoO_4 \cdot 2H_2O$ 5mg（500mL）；Ⅳ：：$FeC_6H_5O_7 \cdot 5H_2O$ 3.0g，$NaNO_3$ 3.0g。

（二）仪器

立式压力蒸汽灭菌锅（上海博迅实业有限公司，YXQ-LS-50 SII）；气相色谱仪（安捷伦公司，7890A）。

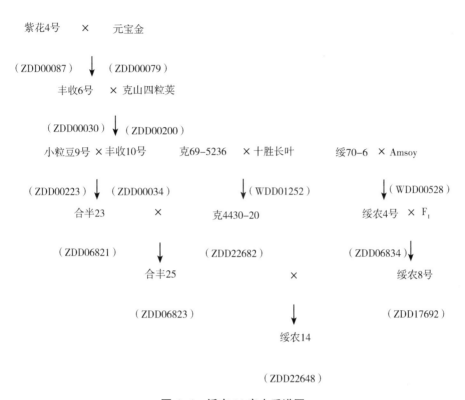

图4-4　绥农14亲本系谱图

（三）实验方法

1. 水培法结瘤鉴定

选择大小均匀的种子30粒用75%酒精消毒5min，用无菌蒸馏水冲洗干净，经吸胀后于无菌操作间将其装入盛有灭菌的蛭石的瓷钵中，种脐朝下，将一张厚滤纸覆盖在其上面，于25℃恒温培养箱中进行催芽。当出现4cm左右胚根，但侧根还未出现时，从装有蛭石的瓷钵中小心取出长势一致的幼苗，用无菌蒸馏水冲洗干净，用浸根法接种根瘤菌，将其移入含有无氮无菌培养液且含有直径大约2.5cm滤纸条的试管中，分为两个处理组，一个接菌，另一个不接菌，每个处理5株，用可以承受高温并且灭过菌的塑料薄膜覆盖，3d后移走塑料薄膜，封口，仅留一个很小的口，每隔两天添加一次无菌营养液。待生长到45d后进行收获。收获时把根部用水洗干净，分别测定每株植物的株高、结瘤数目、侧根数目、瘤鲜重、茎干重、固氮酶活性等指标。由于根瘤菌的共生固氮效率不仅与参与固氮的根瘤菌和植物基因有关，而且与生态环境有关。本实验表型鉴定均在严格无菌的可控温室（室内温度为白天/夜间 28~30℃/25℃~28℃，自然光照 12h）中进行，基本保证鉴定时的外界环境一致。

2. 根瘤固氮酶活性测定

利用乙炔还原法，安捷伦厂生产的气相色谱仪测定固氮酶活性。在大豆第 3 片复叶期，把根（连同根瘤）剪下，放到 3mL 小瓶中，塞紧橡皮塞，用注射器注入 3mL 乙炔气体，27℃培养 1h。从各培养瓶中取气样 50μL，用安捷伦 6900 型气相色谱仪测定乙烯生成量，色谱条件为玻璃柱长 30m，内径 0.45mm，担体为 GDX502，柱温为 60℃，检测器温度为 250℃，进样器温度为 100℃，气体流量为 H_2 60mL/min，N_2 30mL/min，空气 400mL/min，检测器为火焰离子发生器（FID），外标法计算结果，以 C_2H_4 μL/（g·h）表示固氮酶活性。乙烯浓度 =（0.5053 + 峰高）/1.1618（外标法 - 标准曲线：$Y = 1.1618X - 0.5053R^2 = 0.9962$）

乙烯含量 = 乙烯浓度×25 固氮酶活性 = 乙烯含量/（根瘤质量×时间）

3. 茎干重测定方法

接种处理 40d 后，小心取出完整植株，从子叶节将茎剪下，用吸水纸吸干表面水分并放于子袋，记录株号，于 105℃的烘箱中杀青 10min 后，80℃烘干至恒重，称得干重。

4. 分析方法

对结瘤相关的 6 个性状利用 The SAS System For Windows 9.0（简体中文）做相关分析、显著性检验。

二、结果与分析

（一）绥农 14 系谱结瘤相关性状的结果

从表 4-11 可以看出，绥农 14 的母本合丰 25 结瘤几乎为 0，绥农 8 号结瘤数为 8，根瘤鲜重为 0.08g，固氮酶活性也较高为 3 383.33μmol/（g·h），结瘤在亲本形成了显著差异，绥农 14 的结瘤数紫花四号、合丰 23 均没有结瘤，合丰 25 结瘤不稳定，有的结瘤，有的不结瘤，不结瘤的占 60%。从系谱看紫花四号是合丰 23、合丰 25 的母本，可能是由于结瘤基因在紫花四号中的遗传贡献率较合丰 25 更多引起。其他系谱材料均结瘤，且以十胜长叶、绥农 8、Amsoy 结瘤数目最多。这可能是因为绥农 8 号有美国高产品种 Amsoy 血缘。具体原因还有待进一步证明。

表4-11 绥农14系谱结瘤相关性状的结果

品种	茎长 PH	瘤数 NN	侧根数 NLR	根瘤鲜重 NFW/g	茎干重 DSW/g	固氮酶活性 ANF/μmol/(g·h)
绥农14	19.6ab	2	27	0.05bc	0.09	903.05ef
紫花4号	17.9bc	0	41	0c	0.09	0f
十胜长叶	19.4bc	8	24	0.12a	0.07bc	2 655.62abc
绥农8	22.8abc	8	30	0.11a	0.10	3 383.33abc
克4430-20	23.6abc	5	29	0.09ab	0.10	6 216.27abc
克山四粒荚	28.4a	1	23	0.07ab	0.13	4 237.81a
合丰25	16.2c	0.05	29	0c	0	0f
合丰23	23.3	0	32	0c	0.14	0f
丰收6号	16.1c	3	44	0.12a	0.06	2 286.70cd
元宝金	22.2	4	33	0.08ab	0.12	2 092.71cd
小粒豆9	20.5abc	2	33	0.07a	0.12	3 863.24ab
丰收10	16.4c	4	38	0.11a	0.08	2 972.75abc
Amsoy	20.4bc	8	45	0.11ab	0.12	2 377.36cd
绥农4	21.9abc	4	34	0.08ab	0.09	1 290.29de

注：同列不同字母表示差异显著（$P<0.05$）。

PH, Plant height; NN, No. of nodulation; NLR, Number of lateral root; NFW, Noudule fresh weight; DWS, Dry weight of stem; ANF, Activity of nitrogen fixation.

（二）结瘤相关性状分析

表4-12 结瘤性状相关性分析

性状	侧根数 NLR	茎干重 DSW	根瘤数 NN	瘤鲜重 NFW	固氮酶活性 ANF/μmol/(g·h)	茎长 PH
侧根数 NLR						
茎干重 DSW	0.03					
根瘤数 NN	0.09	0.49				
瘤鲜重 NFW	−0.07	0.48	0.83**			
固氮酶活性 ANF	−0.45	0.36	0.51	0.75**		
茎长 PH	−0.38	0.29	−0.16	−0.08	0.29	

注：同一行中标有不同大写字母的值在0.01水平上差异显著。

相关分析结果（表4-12）表明：瘤鲜重与根瘤数、固氮酶活均呈显著正相关，相关系数分别为0.83、0.75，与茎干重呈不显著正相关，与侧根数和茎长呈不显著负相关。因根瘤中有固氮菌，因此有根瘤就会固氮，并且根瘤具有固氮酶活性。所以根瘤数目和根瘤鲜重是能够评价固氮表型的重要指标。侧根数与茎干重、根瘤数呈不显著正相关，与根瘤鲜重、固氮酶活性、茎长呈不显著负相关。

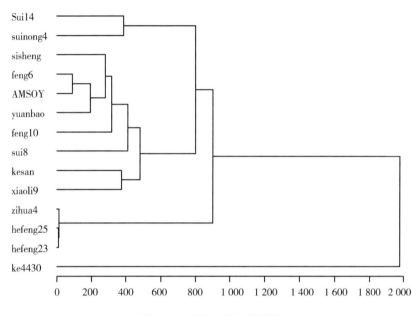

图4-5　系谱材料之间聚类

利用最小距离法进行聚类（如图4-5），结果表明14个品种聚为5类，其中紫花4号、合丰25、合丰23距离最近聚为一小类，可能结瘤基因在其中进行了传递，绥农14、绥农4聚为一小类，这与秦君（2008）研究结果认为二者亲本相似系数最高一致。追溯系谱结合农艺性状表明结瘤性状说明，这与它们属于同一个亲本可能相关，十胜长叶、丰收6号、AMSOY、元宝金、绥农8、丰收10号、克山四粒荚、小粒豆9聚为一大类，克4430单独聚为一类，这与其农艺性状优良、适应性强、配合力高、遗传基础广泛等特性相一致。从生理的角度看，可能是由于豆科植物在接触根瘤菌后会分泌一些营养元素给根瘤菌，这时候根瘤菌就会吸附植物并产生瘤状结构，形成共生关系，之后二者一起进行固氮。

三、讨论

在氮源不足的条件下，土壤中的根瘤菌会侵染豆科植物，然后在其根部会产生根瘤。宿主植物体为根瘤中的根瘤菌（类菌体）提供能量和内环境，从而将空气中的氮气还原为氨，进而可以供宿主植物利用，这样就形成了自然界中利用效率最高的共生固氮作用。

结瘤固氮对于豆科植物共生固氮体系中氮素来源至关重要，这个过程，每年可以向农业系统输送近 4 000 万吨的氮源，与工业固氮相比，共生固氮不仅经济高效，而且环保，是促进大豆增产的有效方式之一（赵然，2017）。我国每年大豆播种面积 800 万~900 万 hm^2，总产达 1 500 万 t 左右，提高种植品种的结瘤固氮效率，有助于实现大豆产量提高及农业、环境和生态的可持续发展。

从本实验结果看，鉴定结果中合丰 25 不稳定，有的结瘤，有的不结瘤，不结瘤的占 60%。但从系谱看紫花四号是合丰 23、合丰 25 的母本，可能结瘤基因在其中得到了遗传的缘故。从表 4-2 中可以看到瘤鲜重与根瘤数呈极显著相关，与株高呈负相关。瘤重与固氮酶活性呈极显著正相关。这与邸伟研究结果认为的大豆根瘤重量与固氮酶活性呈显著正相关一致（邸伟，2010）。陈慧等研究得知生育期短的大豆品种根瘤固氮酶活性高于生育期长的品种，根瘤干重则相反，生育期越长，根瘤干重越大；根瘤固氮潜力随大豆品种生育期的延长而增加（陈慧等，2013）。侯云龙等进一步指出大豆的生固氮能力得益于根瘤，根瘤数与固氮效率是典型的数量性状受多基因调控。目前，已经在大豆中克隆到结瘤因子（Nodular Factor，NF）的关键受体，以及一些在结瘤信号传导途径中的分子组分，这些组分涉及结瘤基因、肽类激素、受体激酶和小的信号代谢产物（侯云龙等，2017）。

通过绥农 14 系谱材料与根瘤菌株的匹配性研究，根据品种的遗传关系，分析了结瘤基因可能在亲本和子代间的遗传方式。结果表明，在品种选育过程中，父本传递给子代的优良基因占优势，即遗传贡献较大。

第五章　大豆抗逆生理机制研究

第一节　不同大豆材料的抗旱性鉴定及耐旱品种筛选

干旱是农业生产中影响作物产量和种植范围的重要环境因素之一。我国水资源分布不均匀，表现为南方多北方少，北方水资源仅占全国的 30%。随着全球气候变暖，农业生态环境进一步恶化，旱情发生频率和强度不断增强。每年因旱灾而受损的土地约为 133.3 万 hm^2（郑景云等，1998）。山西尤其是晋北地区，常年多风少雨，干旱、半干旱的环境因素成为限制作物产量的主要生态因子之一。全国节水农业发展规划明确提出，建立节水型社会，发展节水型农业，是解决我国水资源短缺和利用率低等农业发展面临问题的主要措施。因此，传统的灌溉农业已不能适应水资源短缺的形势，提高作物自身的抗旱性才有可能取得抗旱上的新突破。筛选、培育作物抗旱优良品种是提高作物自身对旱胁迫的忍耐力，减轻土壤干旱对其造成伤害的简单、有效、可行的方法之一。

大豆起源于中国，在全国各地均有种植，是重要粮食、油料作物之一，在食品、药品及饲料加工、生物能源生产等方面均具有重要作用。然而大豆根系不发达，生长发育期需水量较多，对干旱等逆境胁迫较敏感，每年因干旱导致大豆减产 40% 左右，因此，发掘、创新并筛选抗旱大豆种质资源是应对自然干旱的有效途径之一（刘艮舟等，1989）。国内外对大豆种质资源做了较多的抗旱性鉴定及耐旱品种筛选研究，结果表明，干旱胁迫会导致大豆生理、生化指标及植株表型指标产生显著变异（Serdar 等，2011；Iftekhar 等，2010）。大豆处于营养生长期时，干旱导致植株叶片叶绿素含量发生变化。研究人员对 Conrad、东农 47 等 11 份材料进行室内盆栽干旱胁迫试验，抗旱性分析表明，干旱胁迫导致叶绿素含量显著下降（臧紫薇等，2016）；其他研究也表明干旱胁迫对大豆叶片叶绿素含量有影响（王春艳等，1990；李贵全等，2000）。抗氧化酶被认为是干旱胁迫的指示灯，在干旱胁迫下抗氧化酶活性会有所提高。研究人员以不同浓度聚乙二醇（PEG-6000）处理大豆垦丰 16、合丰 47，表明 SOD 在抗氧化系统中响应最强，过氧化氢酶（catalase，CAT）次之，过氧化物酶（peroxidase，POD）响应相对较弱（赵立琴，2014）。研究人员在山西以大豆杂交组合亲本及其后代为材料，利用大田试验进行抗旱性鉴定，结果表明干旱胁迫下 POD、SOD 和 CAT 活性均发生了变化，整体呈现上升的趋势（郭数进等，2008）。干旱对大豆农艺性状的影响较大，主要表现在株高、主茎节数、分枝数、百粒重等性状上。研究人员在河北地区以栽培品种、半野生及野生大豆为材料，测定不同时期大豆主要农艺性状及其生理指标，并进行比较分析，结果表明干旱胁迫下单株荚数、单株粒数和单株粒重这 3 个产量性状变异较大（乔亚科等，2014）。研究人员利用黑龙江中上游地区生育期相近的30 份野生大豆种质资源进行干旱胁迫处理，结果表明，干旱胁迫导致野生大豆株高降低、主茎节数和分枝数减少、单株产量和百粒重下降（崔杰印等，2018）。研究人员在甘肃对 246 份来自不同省份的大豆种质资源进行了田间自然抗旱性鉴定及成熟期农艺性状调查，发现抗旱指数与株高、主茎节数、单株荚数、单株粒数、单株粒重、单株生物量呈极显著正相关（张彦军等，2018）。

前人研究表明，晋豆 21 具有较强的抗旱性，但是该材料种子细长、较小，外观上并不受农民青睐（李文滨等，2019；邓思雪等，2018）。本试验以晋豆 21 为对照，引进其他地区 10 份较优异大豆品种为试验材料，通过分析自然干旱胁迫和正常灌水条件下植株叶片的叶绿素含量、SOD 活性和 POD 活性这 3 个生理生化指标和成熟期植株产量相关农艺性状表现，筛选出适宜晋北干旱地区种植的抗旱大豆品种，也为大豆高产、抗旱品种改良提供理论依据。

一、材料与方法

（一）材料

1. 试验材料

供试大豆材料共 11 份，分别为：晋 21（对照）、早熟 1 号、中品 661、黑农 57、黑农 69、绥农 4、绥农 14、垦农 21、合丰 56、Jack、Williams 82，均来自中国农业科学院国家种质资源中心，由中国农业科学院作物科学研究所邱丽娟研究员提供。其中晋豆 21 是高抗旱大豆材料，在晋北地区多有种植，其他材料未见在晋北地区种植。

2. 试验设计

试验于 2017—2018 年在山西省大同市大同大学北校区试验基地进行，在播种前施有机底肥，充分灌溉。设自然干旱胁迫和正常灌水 2 个处理，3 次重复。自然干旱胁迫处理自出苗至成熟期不进行浇水，使其充分受旱。正常灌水处理按花期、鼓粒期、结荚期进行正常浇水。随机区组排列种植 11 份大豆材料，行距 0.33m，株距 0.3m，行长 3m，3 粒点播，待出苗后间苗留 1 株。大豆出苗后 50d 对叶绿素含量、SOD 活性、POD 活性这 3 个生理生化指标进行测定和分析。在大豆结荚后 55d（即成熟期）时对株高、主茎节数、单株荚数、单株粒数等产量相关农艺性状进行鉴定。每个处理选择 5 个单株进行生理生化指标测定及成熟期植株农艺性状考察。

（二）方法

1. 生理生化指标测定

参考研究人员的《植物生理学实验指导》，采用 95% 乙醇浸提法浸提叶片叶绿素，用可见分光光度计分别测定波长 470nm、649nm、665nm 处的吸光度（张志良，2003）。计算公式为：

$CA = 13.95 \times A665 - 6.88 \times A649$，$CB = 24.96 \times A649 - 7.32 \times A665$

叶绿素 a 含量 $= CA \times 0.005/0.01$，叶绿素 b 含量 $= CB \times 0.005/0.01$

式中叶绿素 a、叶绿素 b 的含量单位为 mg/g，CA、CB 单位为 mg/L，A665、A649 分别为波长 665 nm 和 649 nm 处测定叶绿素溶液的吸光度。

叶片叶绿素损失率（%）=（正常灌水处理叶片叶绿素含量－自然干旱胁迫处理叶片叶绿素含量）/正常灌水处理叶片叶绿素含量×100。

采用氮蓝四唑（nitro-blue tetrazolium，NBT）光化还原法测定 SOD 活性，以抑制 NBT 光化还原 50% 所需酶量为 1 个酶活单位（U/gFW）（黄义春，2015），计算公式为：

SOD 活性 =（A0-AS）×VT/（0.5×A0×WF×V1）

式中，A0：对照管的吸光度；AS：样品管的吸光度；VT：样液总体积（10mL）；V1：测定时样品用量（0.1mL）；WF：叶片鲜重（0.5 g）

SOD 活性增长率 =（自然干旱胁迫处理 SOD 活性－正常灌水处理 SOD 活性）/正常灌水处理 SOD 活性。

采用愈创木酚法（黄义春，2015）测定 POD 活性，以每个处理单位时间内吸光度变化值表示酶活性大小，计算公式为：

POD 活性（U/g FW·min）= ΔA470×Vt/（FW×VS×t）

式中，ΔA470：反应时间内吸光度的变化；Vt：酶提取液总体积（5.0mL）；VS：测定时所用酶液的体积（1.0mL）；t：反应时间（3min）；FW：样品鲜重（1.0 g），POD 活性增长率＝（自然干旱胁迫处理 POD 活性－正常灌水处理 POD 活性）／正常灌水处理 POD 活性。

2. 形态指标测定

参照研究人员指标规范，结荚成熟后，每个处理每个品种取 5 株进行室内考种，包括株高、主茎节数、单株荚数、单株粒数等性状（邱丽娟等，2006）。

3. 统计分析

利用 Microsoft Excel 2010 及 SPSS 20.0 软件进行相关试验数据统计及分析。

二、结果与分析

（一）干旱胁迫对大豆叶片叶绿素含量的影响

对自然干旱胁迫和正常灌水处理的大豆苗期叶片的叶绿素 a（chlorophyll-a，Chla）含量和叶绿素 b（chlorophyll-b，Chl b）含量进行测定及比较分析（见图 5-1），结果表明早熟 1 号、中品 661、黑农 57、黑农 69、Jack、Willams 82 自然干旱胁迫处理和正常灌水处理的 Chla 含量存在显著差异，晋豆 21、绥农 4、绥农 14、垦农 21、合丰 56 自然干旱胁迫处理和正常灌水处理的 Chl a 含量差异不显著。由图 5-2 可知，晋豆 21、早熟 1 号、绥农 4、绥农 14、垦农 21、合丰 56 自然干旱胁迫处理和正常灌水处理的 Chl b 含量差异不显著，中品 661、黑农 57、黑农 69、Jack、Williams 82 自然干旱胁迫处理和正常灌水处理的 Chl b 含量均有显著差异。综上，垦农 21、绥农 14、绥农 4、合丰 56、晋豆 21 自然干旱胁迫处理和正常灌水处理的 Chl a、Chl b 含量均差异不显著，说明干旱胁迫对这 5 份材料的影响较小。

（二）干旱胁迫对大豆生理生化指标的影响

自然干旱胁迫处理大豆叶片叶绿素含量较正常灌水处理低，表明大豆生长对干旱胁迫比较敏感，自然干旱胁迫处理相对于正常灌水处理叶片叶绿素损失率在 9.70%~44.93%（表 5-1）。晋豆 21 自然干旱胁迫处理相对于正常灌水处理叶片叶绿素损失率为 10.52%，中品 661、黑农 57、黑农 69、Jack 这 4 个品种自然干旱胁迫处理相对于正常灌水处理叶片叶绿素损失率达到了 30%以上，分别为 36.72%、44.93%、44.18%、36.12%，说明这 4 个品种受干旱胁

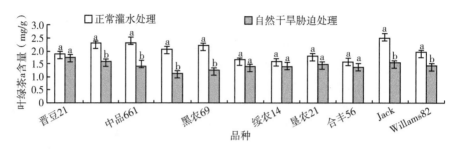

图 5-1 干旱胁迫对大豆叶片 Chl a 含量的影响

注：不同小写字母表示在 0.05 水平差异显著。下同

迫的影响较大，叶绿素的合成受到严重影响，抗旱性较弱；绥农 4、绥农 14、合丰 56 这 3 个品种自然干旱胁迫处理相对于正常灌水处理叶片叶绿素损失率最小，分别为 11.12%、9.70%、12.49%，表明这 3 个品种在干旱胁迫时叶绿素含量较稳定，能够提供稳定的光合色素量以维持光合作用，表现出较强的抗旱性。

表 5-1 参试材料各生理生化指标在干旱胁迫下的变化幅度

品种	光合指标	保护酶增长率	
	叶绿素损失率（%）	SOD 增长率（%）	POD 增长率（%）
晋豆 21	10.52	52.62	54.23
早熟 1 号	26.06	30.49	27.19
中品 661	36.72	21.10	1.66
黑农 57	44.93	0.98	2.00
黑农 69	44.18	22.81	8.86
绥农 4 号	11.12	56.29	57.76
绥农 14	9.70	58.80	55.31
垦农 21	15.75	40.85	2.37
合丰 56	12.49	58.72	58.72
Jack	36.12	10.55	10.55
Willams 82	26.84	23.62	23.62

（三）干旱胁迫下大豆叶片抗氧化酶活性的变化

通过对大豆苗期叶片中 SOD 活性进行测定（表 5-1），结果表明自然干旱胁迫处理较正常灌水处理的 SOD 活性增长率变化幅度为 0.98%~58.80%，晋豆 21 自然干旱胁迫处理较正常灌水处理 SOD 活性增长率为 52.62%，合丰 56、绥农 14、绥农 4 这 3 个品种自然干旱胁迫处理较正常灌水处理 SOD 活性增长率较大，分别为 58.72%、58.80%、56.29%；黑农 57 和 Williams 82 这 2 个品种自然干旱胁迫处理较正常灌水处理 SOD 活性增长率较小，分别为 0.98% 和 23.62%。自然干旱胁迫处理较正常灌水处理 POD 活性增长率变化幅度为 1.66%~58.72%，其中晋豆 21 自然干旱胁迫处理较正常灌水处理 POD 活性增长率为 54.23%。比较而言，合丰 56、绥农 4 号、绥农 14 这 3 个品种自然干旱胁迫处理较正常灌水处理 POD 活性增长率最大，分别为 58.72%、57.76%、55.31%；中品 661、黑农 57、垦农 21、黑农 69 这 4 个品种自然干旱胁迫处理较正常灌水处理 POD 活性增长率最小，分别为 1.66%、2.00%、2.37%、8.86%。抗氧化酶活性的增加，可以有效地去除由干旱胁迫引起的活性氧和自由基对细胞膜脂质的过氧化作用，减小对植株细胞膜的伤害。在干旱胁迫下，与正常灌水处理相比，抗氧化酶活性增加越多，品种抗旱性能越强，反之越弱。本研究表明合丰 56、绥农 14、绥农 4 号这 3 个品种有较强的抗旱性。

（四）干旱胁迫对成熟期大豆农艺性状指标的影响

通过对成熟期大豆农艺性状进行测定，自然干旱胁迫和正常灌水处理，株高、主茎节数、单株荚数、单株粒数这 4 个指标的变异系数介于 31.09%~46.19%，其中株高的变异系数最大，正常灌水处理 41.06%，自然干旱胁迫处理为 46.19%。主茎节数变异系数较小，正常灌水处理为 33.05%，自然干旱胁迫处理为 32.91%（表 5-2）。说明 11 份大豆种质间遗传差异较大，具有代表性。与正常灌水处理相比，干旱胁迫严重影响了大豆的农艺性状。

三、结论及讨论

"自由基伤害学说"指出细胞内存在保护酶系 SOD、POD 等，在正常生长状态下可以清除细胞中多余的活性氧自由基如-OH、H_2O_2 等而保持其动态平衡，使细胞免受外界胁迫的影响（田再民等，2011）。本研究也表明，不同品种的大豆种质处于干旱胁迫下，抗氧化酶活性均有不同程度的升高，SOD 比 POD 活性变化更加敏感。晋豆 21 是高抗旱的大豆品种类型（林汉明等，2009），本研究也证实了这一点。另外，从 SOD、POD 增幅角度来看，绥农 4 号、绥农 14、合丰 56 增幅较晋豆 21 更大，说明其与晋豆 21 具有较好的抗旱性。

表5-2 11份大豆种质资源的4个农艺性状的比较

指标	最大值		最小值		极差		均值		标准差		变异系数CV（%）	
	正常灌水	干旱	正常灌水	干旱	正常灌水	干旱	正常灌水	干旱	正常灌水	干旱	正常灌水	干旱
株高（cm）	140.00	109.00	35.00	26.00	105.00	83.00	62.68	45.01	25.74	20.79	41.06	46.19
主茎节数	20.00	16.00	4.00	5.00	16.00	11.00	9.84	8.63	3.25	2.84	33.05	32.91
单株荚数	27.00	25.00	6.00	7.00	21.00	18.00	14.08	12.06	4.89	4.52	34.70	37.51
单株粒数	73.00	69.00	20.00	16.00	53.00	53.00	37.28	30.03	11.59	11.90	31.09	39.62

干旱胁迫使大豆植株产生一系列的生理生化变化，通过调节自身来适应缺水的环境。干旱胁迫会通过影响叶绿素含量影响大豆光合速率，抗旱性较强的大豆种质在干旱胁迫下叶绿素含量往往能维持在正常水平（黄义春，2015）。本研究结果表明，晋豆21、绥农4号、绥农14和合丰56这4个大豆品种可在干旱胁迫过程中保持相对稳定的叶绿素含量，具有较好的抗旱性。

由于大豆抗旱性由多基因控制，采用各指标相结合的方式对大豆品种进行抗旱性鉴定可以提高鉴定的准确性（Serdar等，2011）。综合分析大豆苗期的生理生化指标和成熟期的农艺性状，在干旱胁迫下，供试材料在不同测定指标中所表现出的抗旱趋势较为一致，说明供试材料在耐旱机制上基本相同。

由于大豆抗旱性是复杂的生物性状，生理指标的变化及农艺性状易受到外界环境的影响，因此今后需要通过多年多点试验进一步对其抗旱性进行验证（张永芳等，2019）。

第二节 盐、旱交叉胁迫对大豆萌发期保护酶的影响

大豆是优质蛋白和食用油脂的重要来源，在我国长江流域，黄河流域，江南以及东北三省，西南等地区多有种植，然而近几年来，其产量却呈下降趋势，原因是随着环境条件的变化，植物往往同时或相继经受多种环境胁迫（杨鹏辉等，2003），特别是盐胁迫和干旱胁迫，导致不能满足大豆各生育期需水量。因此，如何有效利用这些盐旱土壤，提高大豆产量成为目前农业研究的主要课题之一。

聚乙二醇（PEG）作为一种高分子渗透剂，亲水性较强（Atress等，1993），不能穿越植物细胞壁进入细胞质近而引起质壁分离，因此可人工模拟干旱胁迫；氯化钠作为高浓度物质也可使细胞渗透失水而发生质壁分离、膜透性增加，膜内大量离子外渗，膜外大量 Na^+ 进入细胞内膜，细胞内膜两边离子失去平衡（Zhu等，2002；Ma等，2008；孙国荣等，2001）。

目前，关于盐或干旱单一耐性对大豆影响的研究较多。科研人员研究了干旱胁迫对大豆苗期叶片保护酶活性等的影响，结果表明：随着干旱胁迫的加强，过氧化物酶（POD）和过氧化氢酶（CAT）等的活性表现为先升后降的趋势，轻度胁迫下质膜透性和 MDA 含量增幅较小，重度胁迫时增幅明显增大（陈庆华，2009）。研究人员指出，干旱胁迫后化控种衣剂能提高大豆幼苗叶片 POD 和 SOD 的活性，提高抗旱性（李建英等，2010）；科研人员研究了不

同大豆品种在干旱胁迫下各相关酶系的变化，结果表明：干旱胁迫下大豆根中 SOD，POD，CAT 活性增加显著，从而得出 SOD、POD、CAT 都是大豆保护酶系统的重要组成部分的结论（高亚梅等，2007），科研人员研究盐胁迫对大豆生理指标的影响，表明膜脂质过氧化是大豆盐伤害的重要原因（许东河等，1993）。但是针对盐和干旱交叉胁迫对大豆影响的研究却鲜有报道。

本研究以中黄 25 号大豆为实验材料，研究其萌发期在盐旱交叉胁迫下生理指标变化，探寻最有利于大豆生长的盐浓度和 PEG 浓度，为更好地利用盐碱土，提高大豆产量奠定理论基础。

一、材料与方法

（一）试验材料

1. 大豆种子

中黄 25 号。

2. 仪器

恒温培养箱（河南恩格窑炉机械设备有限公司，303-0AS）、紫外分光光度计（上海博迅实业有限公司，SP-754）、台式高速冷冻离心机（赛默飞世尔科技有限公司，ST16R）、型精密电子分析天平（赛多利斯科学仪器有限公司，BS223S）。

（二）试验方法

1. 种子处理方法

选用籽粒大小均匀、饱满的中黄 25 号大豆种子，用清水将其冲洗干净，然后经 0.1% $HgCl_2$ 溶液消毒 8~9min 后，用蒸馏水冲洗 3~4 次，最后用温水（25℃）将其避光浸泡 72h 左右进行催芽，待其胚芽长到 1.5cm 左右时，全部放置到铺有 3 层滤纸、喷以 Hoagland 营养液（以刚浸湿滤纸为宜）的干净培养皿中，各培养皿放置 6 粒大豆种子，以进行相应的胁迫处理。本次试验采用随机区组试验设计，包括 1 个对照，9 个盐旱交叉胁迫处理，其中，3 个盐分胁迫处理梯度为 S1（120mmol/L），S2（150mmol/L）和 S3（180mmol/L）NaCl 溶液，每个处理 3 次重复。以 PEG-6000 人工模拟干旱胁迫。3 个干旱胁迫梯度为轻度胁迫 T1（PEG-6000 浓度为 20%），中度胁迫 T2（PEG-6000 浓度为 25%），重度胁迫 T3（PEG-6000 浓度为 30%）。

盐旱胁迫各处理中，每个培养皿每次 3mL NaCl 溶液和 3mL PEG-6000 溶液。

2. 测定指标及方法

（1）测定指标

胁迫处理 10d 后选取发芽势好的大豆种子，先用蒸馏水冲洗一下，以清除豆子表面残留的 NaCl 溶液和 PEG-6000 溶液，然后称取 0.5~1.0g 测定其保护酶活性，每个处理随机取样。采用紫外吸收法测定 CAT 的活性，用愈创木酚法测定 POD 的活性。每个处理以 1min 内 A240 降低 0.1 为 1 个 CAT 酶活性单位；以 470nm 波长下，每分钟 OD 增加 0.01 定义为 1 个 POD 酶活性单位。

（2）测定方法

CAT 活性测定：测定方法参照文献高俊凤（2006）。

POD 活性测定：将称取好的大豆种子 1.0g 剪碎置于已在冰中预冷的研钵中，加少量石英砂和少量磷酸缓冲液（pH=7.0），冰浴研磨匀浆后转移至 50mL 容量瓶中定容，摇匀。取 5mL 于离心管，同样在 4℃、15 200r/min 下冷冻离心 20min，上清液即为 POD 酶液。取 10mL 具塞试管 3 支（3 次重复），各加入酶液 1mL，0.1%愈创木酚 1.0mL，磷酸缓冲液（pH=7.0）1.0mL，摇匀，加入 0.18% H_2O_2 1.0mL 后，于 25℃下准确反应 10min，最后分别加 5% 偏磷酸 0.2mL 终止反应。用蒸馏水调零，于分光光度计上测定 3 支试管的 A470，每 30s 读数 1 次，共测 6 次。

（3）CAT 和 POD 酶活性计算公式

CAT 活性［U/（g·min）］＝ΔA240×Vt/0.1×Vs×t×FW

式中，ΔA240 为反应时间内吸光度的变化值（降低）；Vt 为酶提取液总体积（5.0mL）；Vs 为测定时取酶液的体积（0.1mL）；t 为测定时的总时间（3min）；FW 为样品鲜重（0.5 g）。

POD 活性［U/（g·min）］＝ΔA470×Vt/FW×Vs×t

式中，ΔA470 为反应时间内吸光度的变化值（升高）；Vt 为酶提取液总体积（5.0mL）；Vs 为测定时取酶液的体积（1.0mL）；t 为测定时的总时间（3min）；FW 为样品鲜重（1.0g）。

3. 数据处理

采用 Excel 和 SPSS 软件对数据进行分析。

二、结果与分析

（一）盐旱交叉胁迫下中黄 25 号发芽种子中 CAT 活性变化

由图 5-2 可知，在不同盐浓度处理下，随着盐浓度的增加，CAT 活性整体基本上呈下降趋势。在同一 NaCl 浓度和不同 PEG-6000 浓度胁迫下，随着干旱胁迫程度的增加，CAT 活性也基本呈下降趋势，但在 180mmol/L NaCl 和 25% PEG-6000 交叉胁迫下，CAT 活性却明显高于另外两个处理组，这说明在较高盐分与干旱交叉胁迫下，能刺激 CAT 活性升高，迅速清除过多的自由基，从而防止对膜上以及膜内不饱和脂肪酸的过氧化作用。

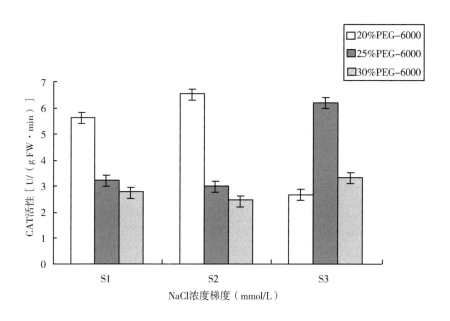

图 5-2　盐旱交叉胁迫下大豆 CAT 活性变化（以 NaCl 为横坐标）

图 5-3 表明，在不同浓度 PEG 处理下，在轻度干旱（20% PEG-6000）胁迫下，随着盐分胁迫浓度的增加 CAT 活性呈先上升后下降的趋势。在中度干旱胁迫下，随着盐分浓度的增加 CAT 活性大致呈上升趋势，同时可以明显看出，中等浓度 150mmol/L NaCl 胁迫下相对于 120mmol/L NaCl 胁迫下的 CAT 活性略有下降，不显著（$P=0.843>0.05$），但在 180mmol/L NaCl 胁迫下 CAT 活性远远高于前两者，CAT 活性在此时达到最大值。可能是它在较高盐分和干旱的交叉胁迫下活性大增，清除自由基的能力增强，从而避免因自由基积累引发的膜脂过氧化作用对细胞造成的伤害，因而对高强度的逆境有一定的适应能力。在重度干旱和不同盐分交叉胁迫下，CAT 活性相对于轻度和中度干旱胁迫下的都低，这可能是由于胁迫程度加剧，其抗氧化能力降低，自由

基大量积累，膜脂发生过氧化作用，细胞膜遭到破坏，但在这同一重度干旱胁迫水平下，180mmol/L NaCl 胁迫时，CAT 活性比前两者都高。其中，高盐胁迫与中等盐胁迫下 CAT 活性达到显著差异（$P=0.019<0.05$）。这说明在细胞已遭受严重伤害的情况下，CAT 还能继续维持一定时间的稳定性，甚至通过升高活性来尽可能降低自由基对细胞的伤害。这同样再次说明了中黄 25 号大豆耐盐力高的品质优势是使其高产的原因之一。

通过单因素方差分析，在不同的交叉胁迫下进行多重比较，各个处理组之间 CAT 活性变化不显著（$P=0.348>0.05$），说明不同盐旱交叉胁迫对 CAT 的活性影响不是很大，可能 CAT 不是中黄 25 号大豆起主要作用的保护酶。

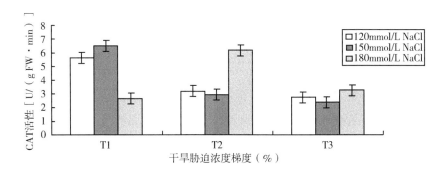

图 5-3 盐旱交叉胁迫下 CAT 活性变化（以 PEG 为横坐标）

（二）盐旱交叉胁迫下中黄 25 号发芽种子中 POD 活性变化

由图 5-4 可看出，在同一 NaCl 浓度和不同浓度的 PEG-6000 交叉胁迫下，随着 PEG-6000 溶液浓度的增加，POD 活性基本都呈下降趋势。但在 120mmol/L NaCl 和不同浓度的 PEG-6000 交叉胁迫下，POD 活性先升高后降低，但在轻度干旱（20% PEG-6000）和中度干旱（25% PEG-6000）胁迫下的活性变化就达到非常显著（$P=0.001<0.01$），这可能是由于中黄 25 号大豆具有一定的抗旱性，它能迅速提高 POD 的活性来清除氧自由基，免除了细胞发生过氧化，因此，此时的逆境对其造不成很大影响，受水分胁迫较小，产生的氧自由基等不多。

由图 5-5 可知，在同一浓度的 PEG-6000 和不同浓度的 NaCl 交叉胁迫下，随着胁迫程度的加剧，POD 活性整体在逐渐下降。而在各同一干旱胁迫水平，即 PEG-6000 浓度梯度为 20%，25% 和 30% 下，随着 NaCl 胁迫浓度的增加，POD 活性基本呈上升趋势。在轻度干旱（20% PEG-6000）胁迫处理水平，随

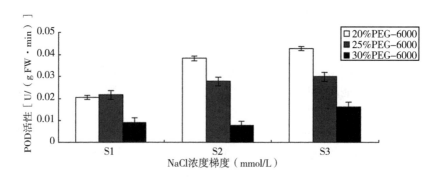

图 5-4　盐旱交叉胁迫下 POD 活性变化（以 NaCl 为横坐标）

着盐分胁迫处理浓度的增加，150mmol/L 和 180mmol/L NaCl 胁迫下 POD 活性都升高，在浓度为 180mmol/L NaCl 胁迫下达到最大值；在中度干旱胁迫处理水平 POD 活性变化和上述情况一样，这表明中黄 25 号大豆在一定的较高盐和干旱交叉胁迫范围内，能通过迅速提高 POD 活性，清除自由基，免除了氧自由基对细胞质膜的破坏作用，维持细胞内的稳态和生命代谢的正常运行，表现出一定的适应能力；在重度干旱胁迫处理水平，POD 活性相较于中度干旱胁迫下明显降低，可能双重胁迫下，自由基大量产生并积累，胞质膜发生过氧化作用而遭到破坏，同时也可从图中得知，随着 NaCl 胁迫浓度的增加，POD 活性基本也呈上升趋势，在 180mmol/L NaCl 胁迫下达到最大值。上述结果表明，中黄 25 号大豆具有一定的抗盐和抗旱能力，虽然随着二者交叉胁迫程度的增加 POD 活性整体下降，但在各个干旱胁迫浓度梯度下，POD 活性随着盐浓度的增加活性都保持相对较高水平，尤其是在 180mmol/L NaCl 胁迫下都较 150mmol/L NaCl 胁迫下保持较高水平，呈现一定的稳定性，这可能与中黄 25 号为高产大豆品种有关。

　　用单因素方差分析，在不同的交叉胁迫下，通过多重比较，各个处理组整体之间 POD 活性变化不显著（$P = 0.175 > 0.05$）。但是，在低盐与重度干旱交叉胁迫处理组下 POD 活性和高盐与轻度干旱交叉胁迫处理组下 POD 活性有显著差异（$P = 0.029 < 0.05$）；在中等盐胁迫处理水平下，轻度干旱和重度干旱胁迫下的 POD 活性达到显著差异（$P = 0.027 < 0.05$）；同样，在高盐胁迫处理水平下，轻度干旱和重度干旱胁迫下的 POD 活性也达到显著差异（$P = 0.05$）。此外，在中等盐与重度干旱胁迫处理组下 POD 活性有显著差异（$P = 0.013 < 0.05$）。以上结果说明，POD 是中黄 25 号大豆保护系统中主要的保护酶之一。

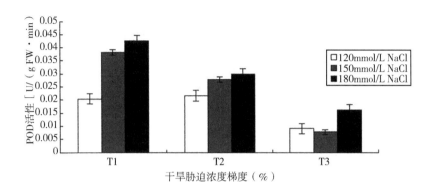

图 5-5 盐旱交叉胁迫下 POD 活性变化 （以 PEG） 为横坐标

三、结果与讨论

自由基伤害学说认为，植物细胞中存在着能清除活性氧自由基的保护酶系，如 CAT、POD 等，它们的协调作用能有效清除羟自由基、H_2O_2 等自由基，防御膜脂过氧化，使细胞免受其伤害（Fridovic 等，1986）。根据这个学说，通过在实验室内人工模拟或实地研究在现实存在的各种逆境下，不同植物体内的保护酶，如 SOD、CAT、POD 活性的变化，以此来作为植物抗逆性强弱的一种指标，同时也可以作为鉴定特定品种特性的依据。

本研究以高产大豆品种中黄 25 号进行了不同的盐旱交叉胁迫处理，得出结论：中黄 25 号大豆具有较强的抗盐与抗旱性，且抗盐能力更高，它的 CAT 和 POD 活性在高盐和各种水平的干旱交叉胁迫下仍能保持相对较高的活性和稳定性，甚至有活性升高的表现。其中 CAT 和 POD 活性在 20% PEG-6000 和 150mmol/L NaCl 交叉胁迫处理下活性都处于较高水平，同时最有益于大豆的生长。而保护酶起着关键作用，可清除自由基，防止自由基对膜上和膜内的不饱和脂肪酸的氧化，保护膜的完整性，使种子免受伤害。由于实验条件的限制，本实验仅仅对发芽期大豆的两个保护酶的活性变化进行了研究，其他大豆苗期在盐旱交叉胁迫下保护酶活性变化有待进一步探讨（张永芳等，2016）。

第三节 晋北地区耐阴大豆品种的筛选

大豆，光敏感植物，在我国保障粮食安全中占着重要地位（刘忠堂，

2012）。近年来，全球气候逐渐变暖、大豆生育期光照时间不足、耕地面积渐少，成为限制大豆产量的重要因素之一。为扩大种植面积通过合理栽培（如间作、套作）、利用闲置土地（如山地、温室）、筛选光合作用强、抗倒伏耐阴品种等实现单产提高逐渐成为研究的热点，但也带来一些问题，如大豆株距紧缩，光照不足劣势，导致产量降低，影响我国大豆产业目标的实现。因此，培育选用光利用效率高的品种是抵御荫蔽、保障粮食安全的主要途径，深入研究光胁迫对大豆影响的机理、筛选耐阴种质、挖掘耐阴基因是科研人员研究的重要课题，对于提高我国大豆产量具有重要意义。

目前，有关光胁迫对于大豆形态及生理的影响研究较多。如弱光会导致大豆根系总长度的增加、根系生物量减少（胡跃等，2018）；50%和75%遮光条件下遮阴会导致大豆植株增高，茎粗减小（姚兴东，2018）。不同遮阴条件下，大豆茎秆木质素、茎秆的抗倒折力不同（任梦露，2017；武晓玲等，2015），遮阴会提高比叶面积显著增加，叶面积增大，降低比叶重（Gong 等，2015）。弱光照时间延长，光合色素、木质素、可溶性蛋白含量等都会受到影响，抗氧化保护酶系统以及脯氨酸含量发生变化、大豆叶片光合作用性能、光能利用率也会降低，光合色素生成减少（毛诗雅等，2020）而增加丙二醛（Malondialdehyde，MDA）、活性氧（Reactive Oxygen Species，ROS）、超氧化物歧化酶（Super Oxide Dismutase，SOD）、过氧化氢酶（Catalase，CAT）和过氧化物酶（Peroxidase，POD）含量（熊森，2019；汪扬媚，2017；姚兴东等，2023），这些物质有助于叶片及时有效地清除细胞内的 H_2O_2，降低光胁迫对细胞膜系统的损伤，确保大豆植株的良好生长。

综上，大多数学者研究集中在对大豆光胁迫机理、生理等的研究，对于晋北地区适宜种植的大豆耐阴品种研究较少。因此，本研究以 9 种不同基因型大豆为材料，以自然光为对照，设置不同遮阴条件（T0、T1、T2），探究其生理和形态响应机制，为大豆育种及乡村振兴做出应有贡献。

一、材料与方法

（一）材料

1. 实验材料

9 个不同基因型大豆品种，见表 5-3。均为山西农大高寒研究所提供；遮阴材料采用高密度聚乙烯材料遮阳网（12 针）。

表 5-3　9 份不同来源的大豆品种信息

品种名称	来源
冀豆 17	河北省农林科学院粮油作物研究所
合农 132	黑龙江省农业科学院佳木斯分院
合黄 1	黑龙江省农业科学院佳木斯分院
晋科 5 号	山西省农业科学院作物科学研究所
合农 71	黑龙江省农业科学院佳木斯分院
黑农 504	黑龙江省农业科学院大豆研究所
合农 66	黑龙江省农业科学院佳木斯分院
合农 198	黑龙江省农业科学院佳木斯分院
冀豆 29	河北省农林科学院

2. 试剂

无水乙醇、$CaCO_3$、Met、核黄素、NBT、Na_2HPO_4、NaH_2PO_4、$HClO_4$、冰乙酸、氢氧化钠、乙酰溴（98%）、聚乙烯吡咯烷酮、30% H_2O_2、考马斯亮蓝 G250、牛血清蛋白。

3. 仪器

高速冷冻离心机（安徽中科中佳科学仪器有限公司，HC-3018R）、紫外分光光度计（北京北分瑞利分析仪器有限责任公司，UV-9600）、叶面积仪（北京雅欣理仪科技有限公司，Yaxin-1242）等。

（二）实验方法

1. 遮阴处理方法

大豆发芽、真叶展开时，设置 3 种光照处理，分别为：100% 全自然光作为对照（T0），50% 遮阴（2 层遮阳网，T1）、100% 遮阴（4 层遮阳网，T2），每个处理 4 个重复。每日 13:00—17:00 采光，其余时间维持遮阴。

2. 形态指标测定方法

大豆播种 30d 后，用钢卷尺测量大豆株高、第一节间长；游标卡尺测量茎粗；叶面积仪器测量叶面积。

3. 生理指标测定方法

叶绿素含量测定参照王英典等人的方法（王英典等，2005）；超氧化物歧化酶参照汪直华等人的方法（汪直华等，2023）；过氧化物酶活性参照李合生的方法（李合生，2001）；过氧化氢酶活性采用紫外吸收法测定；丙二醛和可溶性糖含量采用硫代巴比妥酸显色法测定；可溶性蛋白含量采用考马斯亮蓝 G-250 法测定；多酚氧化酶活性参照张丽娟等人的方法（张丽娟等，2006）；木质素含量参照孙笑等人的方法（孙笑等，2021）。

4. 数据处理

采用 Excel 2019 处理数据分析和图表处理；用 SPSS 26.0 软件进行单因素方差和相关性分析；用 GraphPad Prism 10 制图。

二、结果与分析

（一）遮阴胁迫下大豆植株形态指标分析

株高、第一节间长、茎粗和叶面积是评估耐阴性重要指标（武行健，2023；Wang 等，2022；张丽娟等，2006）。由表 5-4 知，除合农 71，冀豆 29，合农 198 外，不同品种间株高均表现为随遮阴程度的增加而显著伸长，其中合农 66T1 处理下株高比 T0 高，增幅为 64.13%；T2 处理下株高比 T0 高，增幅为 184.10%。遮阴显著提高了不同品种大豆第一节间长，且除晋科 5 号，合农 71，黑农 504，冀豆 29 外均表现为随遮阴程度增加第一节间逐渐增长。合农 198，冀豆 29，黑农 504 茎粗随遮阴程度增加而显著提高，且其中在 T2 条件下冀豆 29 茎粗与 T0 相比增幅为 28.74%。除合农 66 外遮阴显著降低了不同品种大豆间单株叶面积，且降低幅度均随遮阴程度增大而增大。在 T1 下与 T0 相比合黄 1，冀豆 29，晋科 5 号下降率较小；在 T2 下与 T0 相比合农 66 下降率最小为 32.30%。

表 5-4　T0、T1、T2 处理 9 种不同基因型大豆苗期形态性状和
叶面积方差分析组内比较结果

品种	处理	株高 （cm）	第一节间长 （cm）	茎粗 （mm）	叶面积 （cm^2）
冀豆 17	T0	16.32±1.99 EFc	4.17±0.71 Cc	1.67±0.32 BCb	12.02±1.45 BCa
	T1	24.13±6.74 ABb	5.07±0.87 CDb	1.93±0.13 BCa	7.78±0.54 Db
	T2	27.50±2.52 BCa	5.52±2.86 CDa	1.57±0.33 Cb	7.38±1.34 ABb
合黄 1	T0	17.00±3.26 DEc	5.72±1.15 Bb	2.30±0.08 Aa	10.55±0.29 Ca
	T1	23.90±0.82 BCb	7.93±1.12 Ba	1.76±0.55 ABb	8.78±0.57 CDb
	T2	32.52±2.13 CDa	8.28±1.71 BCa	1.78±0.35 Ab	5.44±0.45 BCDc
合农 132	T0	17.20±2.94 DEb	4.28±0.56 BCc	1.71±0.46 Cb	13.06±1.85 BCa

（续表）

品种	处理	株高 （cm）	第一节间长 （cm）	茎粗 （mm）	叶面积 （cm²）
	T1	20.27±4.62 DEa	4.72±0.46 Db	1.87±0.31 Ca	8.45±0.79 CDb
	T2	20.50±5.59 CDa	5.40±1.81 CDa	1.69±0.17 Cb	8.18±0.88 Ab
合农66	T0	10.65±1.05 Fc	3.77±0.75 Cc	2.07±0.39 Aa	11.27±0.22 Ca
	T1	17.48±4.72 Eb	7.10±1.54 Cb	2.05±0.31 ABa	11.86±1.42 Aa
	T2	30.47±2.35 CDa	10.00±0.64 CDa	1.70±0.26 BCb	7.63±1.02 CDb
晋科5号	T0	20.82±7.40 ABb	7.88±1.59 Aa	1.80±0.17 BCb	12.05±1.05 BCa
	T1	23.73±2.12 BCa	7.72±2.93 Ca	1.94±0.10 BCa	9.12±0.58 CDb
	T2	23.90±3.46 Aa	5.63±2.60 Ab	1.95±0.15 ABa	5.74±0.08 ABc
合农71	T0	14.27±4.70 CDb	7.63±1.31 Aa	1.77±0.28 BCa	10.79±1.82 Ca
	T1	21.65±4.29 CDa	8.90±1.53 Aa	1.59±0.31 Cb	8.01±0.70 Db
	T2	20.35±6.12 Da	5.45±0.19 Db	1.77±0.40 BCa	7.02±0.62 ABCc
黑农504	T0	20.32±2.75 BCc	7.40±0.63 Aa	2.04±0.10 Aa	16.59±3.27 Aa
	T1	23.63±2.00 ABCb	7.38±1.36 Ba	2.13±0.09 Aa	9.80±0.71 BCb
	T2	26.88±1.51 BCa	6.65±1.21 ABb	2.15±0.22 BCa	6.22±0.61 ABc
冀豆29	T0	24.52±6.34 b	7.47±1.11 Ab	1.67±0.42 Bc	14.62±1.42 ABa
	T1	21.00±2.97 DEc	6.47±0.92 Cb	1.87±0.29 BCb	11.06±1.47 ABb
	T2	38.35±3.19 BAa	10.00±3.95 BCa	2.15±0.17 BCa	7.51±0.75 Dc
合农198	T0	19.88±0.59 BCb	7.40±1.14 Ac	1.63±0.13 Cc	13.35±1.87 BCa
	T1	27.98±1.55 Aa	8.82±1.23 Ab	1.69±0.19 Cb	8.65±0.80 CDb
	T2	27.93±3.94 BCa	10.68±5.27 ABa	1.90±0.42 BCa	7.25±1.19 Ac

注：同列数字后不同小写字母表示同一大豆品种不同遮阴处理下差异达0.05显著水平；同列数字后不同大写字母表示同一遮阴处理下不同大豆品种的差异达0.05显著水平。T0全光照处理，T1 50%遮阴处理，T2 100%遮阴处理。

（二）遮阴胁迫下大豆生理指标分析

1. 大豆叶片中叶绿素a、叶绿素b、叶绿素（a+b）含量的分析

叶绿素是植物进行光合作用的重要色素，不同遮阴程度对叶绿素的影响不同（毛诗雅等，2020）。由图5-6可知，在T1处理下，除合农132、合农198外其余品种的叶绿素a、叶绿素b和叶绿素（a+b）含量较T0处理均呈上升趋势，而在T2条件下，9个大豆品种均较T0呈现下降趋势。遮阴胁迫下植物为

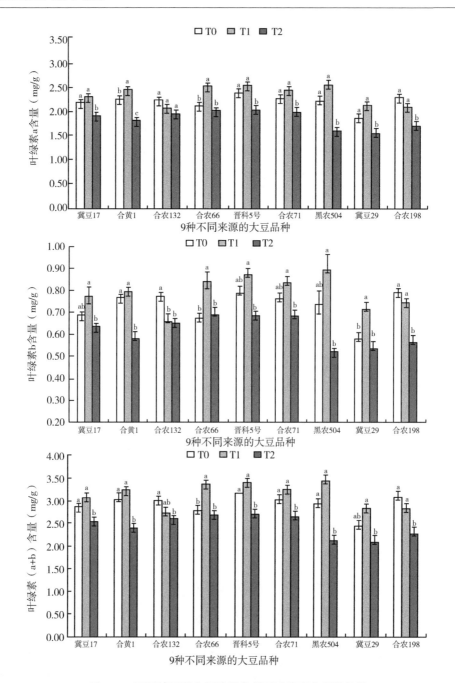

图5-6　不同基因型大豆遮阴条件下叶绿素含量的比较

了捕获更多的光能，合成大量的叶绿素，不同品种之间存在差异（雷怡等，2023）。其中 T1 处理下，合农 66 较 T0 中叶绿素 a、叶绿素 b、叶绿素（a+b）含量增幅最高，分别为 19.91%、25.37%、21.22%，且差异显著，在 T2 处理下较 T0 处理的降幅最少，分别为 5.21%、−2.99%、2.88%。

2. 不同遮阴胁迫下大豆抗氧化物分析

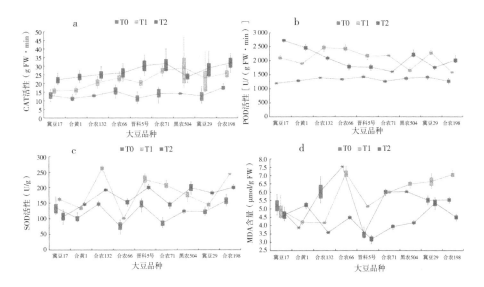

图 5-7　不同基因型大豆遮阴条件下抗氧化酶活性的比较

植物在逆境胁迫下会受到影响，导致活性氧含量升高，细胞发生膜脂过氧化，产生丙二醛，植物可以通过提高 CAT、POD、SOD 等抗氧化酶活性来抵御不良环境的影响（姚兴东等，2023）。由图 5-7 可知，在不同遮阴下，不同品种大豆 CAT、POD、SOD 活性表现不同。在 T1 处理下，9 个品种大豆 CAT、POD、SOD 活性较 T0 均呈现上升趋势。其中黑农 504 和合农 71 两个品种的 CAT 活性、合农 66 和合农 132 两个品种的 POD 活性、合农 71 和合农 132 两个品种的 SOD 活性增幅较大，分别为 104.69% 和 95.24%、81.80% 和 76.32%、140.94% 和 78.17%。而在 T2 处理下，黑农 504 的 CAT 活性，合农 132、合农 66、晋科 5 号、合农 71、冀豆 29 五个品种的 POD 活性，冀豆 17，合农 132，晋科 5 号，合农 71，合农 198 五个品种的 SOD 酶活性，较 T1 处理均出现下降趋势。其中晋科 5 号、冀豆 29 的 CAT 活性增幅较大为 164.36%、126.06%，冀豆 17、合黄 1 号 POD 活性增幅较大为 127.02%、90.70%，合农

66 和合农 71 的 SOD 活性较 T0 处理增幅较大，为 102.10%、68.60%。

由图 5-7d 可知，合农 66、合农 71、冀豆 17、合农 132 的 MDA 含量随遮阴程度增大而持续下降，其中在 T2 条件下合农 132、合农 66 的 MDA 含量与 T0 相比下降率最大，分别为 64.00% 和 40.00%，与其他品种相比差异极显著。合农 198、冀豆 29、黑农 504、晋科 5 号 MDA 含量随遮阴程度增大而先上升后下降，其中在 T1 条件下与 T0 相比晋科 5 号 MDA 含量要显著低于合农 198、冀豆 29、黑农 504。

3. 不同遮阴胁迫下大豆叶片渗透调节物质分析

可溶性蛋白不仅是植物细胞内的渗透调节物质，而且对细胞生命物质及生物膜起保护作用（姚兴东，2023）。由图 5-8a 可知，随着遮阴程度的增加，所有大豆品种的可溶性蛋白含量均呈现下降趋势，且合农 198 的可溶性蛋白含量在 T1、T2 处理下较 T0 处理的降幅均为最大，分别为 11.92% 和 30.62% 且差异极显著；黑农 504 的可溶性蛋白含量在 T1、T2 处理下较 T0 处理的降幅均为最小，分别为 4.00% 和 10.24% 且差异显著。

可溶性糖是细胞内合成的有机渗透调节物质之一，可以提高胞内溶质浓度，降低细胞水势，提高细胞生理代谢调节能力，积累渗透物质是植物在荫蔽环境中的重要保护机制，也是其耐阴能力的体现（陈慧欢等，2016）。由图 5-8b 可知，遮阴胁迫显著降低冀豆 17、合农 132、合农 66、合农 71、黑农 504、合农 198 六个品种的可溶性糖含量，在 T2 处理下较 T0 处理的降幅分别为 57.12%、63.90%、66.35%、67.67%、69.83%、23.93%，差异极显著。合黄 1 可溶性糖含量随着遮阴程度的增加显著增高，在 T2 处理下较 T0 处理分别增加 138.25%，差异极显著。而冀豆 29，晋科 5 号 3 个品种大豆可溶性糖含量在一定程度遮阴胁迫下会呈现上升又下降的趋势。

4. 不同遮阴胁迫下大豆多酚氧化酶活性分析

多酚氧化酶是植株抵御逆境的关键酶之一，可以将多酚类物质氧化成醌，从而适应逆境。由图 5-9 可知，随着遮阴程度的增加，大豆多酚氧化酶的活性呈现先上升后下降的趋势。其中合农 66 在 T1 处理下较 T0 处理的变化率最大，为 14.55% 差异极显著。且在 T2 处理下较 T0 处理变化率最小，为 -1.98%。

5. 不同遮阴胁迫下大豆木质素含量的分析

茎中木质素含量是评价植物茎秆轻度与抗倒伏能力的重要指标之一（Sajad 等，2019）。由图 5-10 可知，随着遮阴程度的增加，所有大豆品种的茎中木质素含量均呈现下降趋势，在 T1 处理下，冀豆 17 的茎中木质素含量较 T0 处理的降幅最小，为 12.09% 且差异极显著。在 T2 处理下，合农 132 的茎

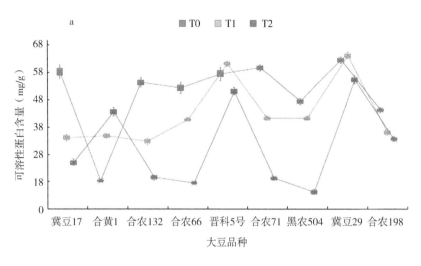

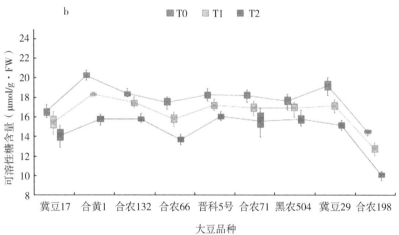

图 5-8 不同基因型大豆遮阴条件下可溶性蛋白（a）、糖（b）含量的比较

中木质素含量较 T0 处理的降幅最小，为 37.54%且差异极显著。

6. 相关性分析

对 9 份不同基因型大豆品种遮阴胁迫下的株高、第一节间长、茎粗、叶面积、叶绿素 a、叶绿素 b、叶绿素总含量、过氧化物酶、可溶性蛋白、多酚氧化酶、丙二醛、可溶性糖、过氧化氢酶、木质素、超氧化物歧化酶做相关性分析，叶绿素总含量与叶绿素 a、叶绿素 b 之间存在极显著正相关关系，相关系数分别是 0.694，

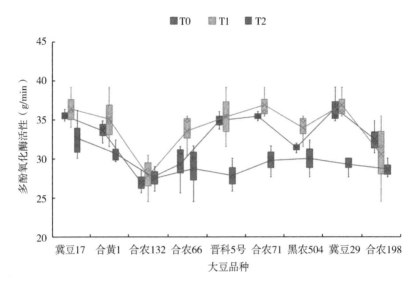

图 5-9　不同基因型大豆遮阴条件下多酚氧化酶活性的比较

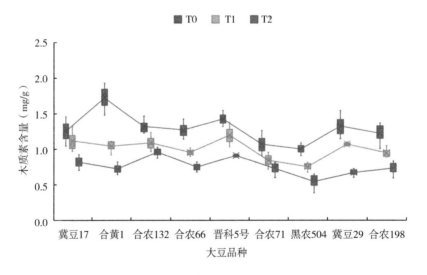

图 5-10　不同基因型大豆遮阴条件下木质素含量的比较

0.824。可溶性蛋白与过氧化氢酶之间存在极显著负相关关系，相关系数为-0.517。木质素与可溶性蛋白之间存在极显著正相关关系，相关系数为0.558。

表5-5　不同遮阴处理下不同品种大豆各指标相关性分析表

指标	株高	第一节间长	茎粗	叶面积	Chla	Chlb	Chl(a+b)	SOD	POD	CAT	MDA	SS	SP	PPO	木质素
株高	1														
第一节间长	0.013	1													
茎粗	-0.169	0.082	1												
叶面积	-0.131	-0.119	-0.018	1											
Chla	-0.147	-0.168	0.248*	0.297**	1										
Chlb	-0.036	-0.061	-0.095	0.296**	0.518**	1									
Chl(a+b)	-0.188	-0.089	0.040	0.374**	0.694**	0.824**	1								
SOD	-0.028	0.224*	0.010	-0.291**	-0.333**	-0.162	-0.221*	1							
POD	0.080	0.104	0.140	0.213	0.105	0.090	0.136	0.318**	1						
CAT	0.142	0.245*	-0.088	-0.034	-0.205	-0.025	-0.126	0.385**	0.379**	1					
MDA	0.117	0.276*	-0.236*	-0.033	-0.151	0.068	0.055	-0.233*	-0.113	-0.070	1				
SS	-0.129	0.061	-0.101	-0.298**	0.228*	0.052	0.066	-0.149	-0.307**	-0.282*	0.436**	1			
SP	0.013	-0.124	0.130	0.167	0.372*	0.233**	0.196	-0.342**	-0.312**	-0.517**	-0.001	0.316**	1		
PPO	-0.103	-0.199	0.064	-0.160	0.181	0.070	0.130	-0.248*	-0.038	-0.295**	0.190	0.330**	0.308**	1	
木质素	-0.100	-0.330**	-0.125	0.044	0.203	0.137	0.147	-0.282*	-0.471**	-0.667**	0.018	0.331**	0.558**	0.257*	1

7. 聚类分析

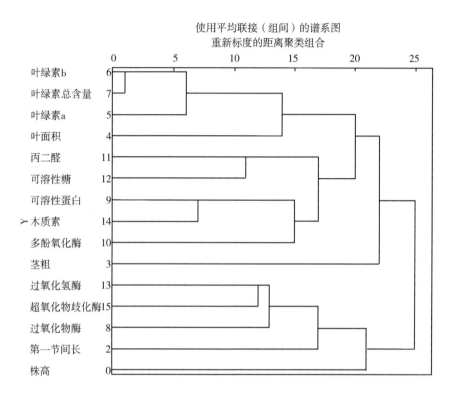

图 5-11　形态生理指标层次聚类分析

采用平方欧式距离法绘制不同大豆品种聚类分析图，依据 T0 处理下大豆品种形态生理学指标进行聚类分析，见图 5-11，由图可知，9 份不同基因型大豆材料，共分为 3 类，分别为晋科 5 号、合农 71、冀豆 17、合农 66、合农 132 聚为一类；合农 198、冀豆 29、黑农 504 聚为一类；合黄 1 号单独聚为一类。

三、讨论

不同品种大豆遮阴胁迫下，形态指标及生理指标不同。这可能是因为不同大豆品种基因型不同。因此推测耐阴胁迫能力不同。进一步研究表明遮阴显著提高了不同品种大豆株高和第一节间长，降低叶面积，这与王一等人的结果一致（王一等，2016），其中冀豆 29、合农 66、合黄 1 号叶面积降幅最小，因此较为耐阴。而合农 198、冀豆 29、黑农 504 茎粗随遮阴程度增加而显著提高，可能是因为加强茎部结构可增加其机械稳定性，从而更有效支撑叶片以最大化光合作用效率来适应遮阴环境，其中冀豆 29 增幅最大，推测可能为较耐阴品种；除了合农 132 与合农 198 其余七个大豆品种叶绿素 a、叶绿素 b、叶绿素（a+b）含量均呈现先上升后下降的趋势，表明对遮阴促使大豆光合色素增加，以促进光能的吸收和捕获。这与雷怡等人的研究结果一致（雷怡等，2023）。随着遮阴程度的增加，大豆对光能的获取和吸收逐渐减弱。这与王甜的研究分析一致（王甜等，2023）。合农 66 在 T2 处理下相较 T0 处理下降最少，可见其耐阴性较强。

遮光提高了九个品种大豆 SOD、CAT、POD 活性。说明抗氧化酶是大豆耐阴的重要生理指标，这与汪直华等人的研究一致（汪直华等，2023）。然而这种耐阴是有限的，达到一定程度 SOD、POD 均出现下降趋势，会导致叶片衰老，这与姚兴东等人的结论一致（姚兴东等，2023）。合农 198、冀豆 29、黑农 504 3 个品种 MDA 含量随遮阴程度增大而先上升后下降，这与汪直华等人研究的变化结果一致（Gong 等，2015），且这三个品种抗氧化酶活性在 T1 处理下较 T0 增幅较大，说明在前期遮阴胁迫造成了较大影响，而后期因为抗氧化酶活性提高，清除部分活性氧以减少损伤。合农 66、合农 71、合农 132 三个品种在 T1 处理下抗氧化酶活性增幅相对较大，且 MDA 含量随遮阴程度增大而持续下降，说明这三个品种在 T1 处理下补偿机制响应较为迅速，受遮阴胁迫影响较小。

可溶性蛋白、可溶性糖是植物光合作用的重要产物（於艳萍等，2017；Sajad 等，2019；王一等，2016），本研究中二者含量随遮阴胁迫的增加，均呈现下降趋势，其中在不同遮阴下黑农 504 的降幅最小，说明黑农 504 的耐阴性最强。本研究还发现合黄 1、冀豆 29、晋科 5 号三个品种大豆可溶性糖含量在一定程度遮阴胁迫下会呈现上升趋势，可能是因为大部分可溶性糖会被转化为多糖储存起来，给植物细胞生理代谢提供能源，当受到逆境胁迫时植物会提高可溶性糖含量以稳定细胞代谢（Gong 等，2015）。多酚氧化酶随着遮阴程度的增加均呈现先上升后下降趋势，在 T1 处理下，9 个大豆品种均呈现上升趋势，说明在弱光胁迫下，大豆通过提高多酚氧化酶活性来抵御遮阴胁迫的侵害。这与何静雯等人的结果一致（何静雯等，2018），其中合农 66、黑农 504 两个品种增幅较大，可见其适应性较强。而在 T2 处理下所有品种 PPO 活性呈下降趋势，说明在该处理下，遮阴胁迫超过了大豆叶片的承受范围。这与马彦良研究结果一致（马彦良等，2019）。遮阴胁迫会使茎中的木质素含量降低，这与

Sajad 等人的研究一致（Sajad 等，2019），其中合农 132 的变化程度最小，说明遮阴胁迫对于合农 132 的影响最小。叶绿素总含量与叶绿素 a、叶绿素 b 之间存在极显著正相关关系，这表明在遮阴条件下，叶绿素总含量会随着叶绿素 a 和叶绿素 b 含量的增加而增加。木质素与可溶性蛋白之间存在极显著正相关关系，说明农业中为筛选抗倒伏耐阴品种，木质素比较费资源，可以测定可溶性蛋白这个相对简单的指标即知。聚类分析表明具有相似遗传背景的品种合农 132、合农 66、合农 198 聚为一类，这为大豆不同品种的亲缘关系提供了重要理论依据。

综上所述，大豆的形态与生理指标会随着不同程度遮阴胁迫的影响而变化，且不同品种适应机制不同变化各不相同。遮阴会导致叶面积、可溶性蛋白含量、可溶性糖含量、茎中的木质素含量降低，提高株高、第一节间长、叶绿素含量、抗氧化酶活性、MDA 含量以及 PPO 活性。其中，由于合农 66、黑农 504、冀豆 29 3 个品种形态指标受遮阴影响较小，抗氧化酶保护系统能迅速响应，调节相应代谢产物以及叶片渗透物质，对荫蔽胁迫适应性较强，故综合评价其为耐阴品种，本研究为晋北地区耐阴大豆选种提供科学依据。

第四节　2 种外源酚酸对大豆苗期耐盐性的影响

土壤盐渍化是目前影响全球农业生产和生态环境的重要因素之一。据调查，全球盐渍化土壤大约 9.55 亿 hm^2，次生盐渍化土壤约为 0.77 亿 hm^2，而且还在不断增加（国家林业局，2011；Parida 等，2005；吕贻忠等，2006）。大豆，因其营养价值丰富，在我国多有种植，其中以东北地区为主（张瑞军等，2008）。尽管大豆属于中度耐盐植物，但盐渍化程度严重时，其正常的新陈代谢活动及生长发育过程均会受到明显影响，从而影响其品质和产量（Senaratna 等，2000）。如何有效利用盐渍土提高作物产量成为目前科学家研究的热点。研究表明，一些化学药剂能有效提高大豆的耐盐性（张婷等，2013；孙德智等；2013；李淑菊等，2000）。水杨酸（Salicylic Acid，SA）又称邻羟基苯甲酸，广泛存在于植物体内，可调节植物生理，增强植物对逆境的适应性。研究表明，水杨酸能提高盐胁迫下黄瓜幼苗体内 SOD，POD 的活性（彭宇等，2003）。5-磺基水杨酸（5-sulfonylurea Salicylic Acid，5-SA），即 2-羟基-5-磺基苯甲酸，是水杨酸的结构类似物，也是有机肥腐解产物之一（董建新等，2013；宋士清等，2006），对盐胁迫下种子也有缓解作用（郑世英等，2010）。但是，关于外源水杨酸和 5-磺基水杨酸对大豆苗期盐胁迫下生理指标是否存在差异鲜有报道。本研究对其进行研究，试图为生产上更好地缓解盐害提供理论指导。

一、材料和方法

（一）试验材料

大豆郑 951099 由中国农业科学院作物科学研究所提供。

（二）试验方法

1. 指标测定及方法

挑选籽粒饱满的郑 951099 大豆适量，将种子浸泡在盛有蒸馏水的烧杯中，并置于恒温箱中浸泡 24h。然后选择露白一致的种子播种在盛有沙子的纸杯中，每个纸杯播 3 粒种子，设 7 个处理，各处理 3 次重复（表 5-6）。前 1~3d，室温下大豆用蒸馏水培养（每个纸杯中浇 10mL 蒸馏水），发芽后用 Hoagland 营养液培养（每个纸杯中浇 10mL 营养液），当长出第 1 片真叶时进行处理，待长出第 4 片真叶时进行指标的测定。

硫代巴比妥酸（TBA）法测定丙二醛的含量（张志良等，2003），紫外吸收法测定过氧化氢酶活性（李合生等，1998），氮蓝四唑（NBT）法测定超氧化物歧化酶活性（李焰焰等，2005）。

2. 数据处理

用 Microsoft Excel 处理数据，采用 DPS 软件进行统计分析。

表 5-6　大豆培养液浓度设置

处理编号	NaCl 浓度 （mmol/L）	SA 浓度 （mmol/L）	5-SA 浓度 （mmol/L）
1	150	0	0
2	150	0.5	0
3	150	1.5	0
4	150	2.5	0
5	150	0	0.5
6	150	0	1.5
7	150	0	2.5

二、结果与分析

（一）水杨酸、5-磺基水杨酸对大豆盐胁迫下 MDA 的影响

在 150mmol/L NaCl 胁迫下，2 种外源酚酸对大豆 MDA 含量的影响如图 5-12 所示。

从图 5-12 可以看出，在 150mmol/L NaCl 胁迫下分别加入不同浓度的水杨酸、5-磺基水杨酸后，大豆郑 951099 的 MDA 含量均发生了明显变化。随着 2 种外源酚酸浓度的增加，大豆叶片 MDA 的含量均表现为先减小后增加，且在 2 种外源酚酸浓度为 1.5mmol/L 时，大豆叶片 MDA 的含量达最小。但是 2 种外源酚酸在同一浓度下，5-磺基水杨酸处理的大豆叶片 MDA 含量下降的幅度比水杨酸处理的要大。在外源酚酸浓度为 0.5mmol/L 时，加水杨酸的大豆叶片中 MDA 的含量是加 5-磺基水杨酸的 1.56 倍；在外源酚酸浓度为 1.5mmol/L 时，加水杨酸的大豆叶片中 MDA 的含量是加 5-磺基水杨酸的 1.57 倍；在外源酚酸浓度为 2.5mmol/L 时，加水杨酸的大豆叶片中 MDA 的含量是加 5-磺基水杨酸的 1.23 倍。

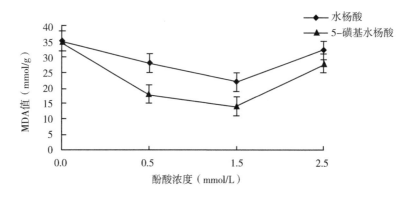

图 5-12　盐胁迫下两种外源酚酸对大豆 MDA 的影响

（二）水杨酸、5-磺基水杨酸对大豆盐胁迫下 SOD 活性的影响

从图 5-13 可以看出，在 150mmol/L NaCl 胁迫下，加入水杨酸、5-磺基水杨酸后，大豆郑 951099 的 SOD 活性均发生了明显的变化，均是先升高后降低。在 2 种外源酚酸浓度达 1.5mmol/L 时，大豆叶片中 SOD 的活性都达最大值。但是，2 种外源酚酸在同一浓度时，用 5-磺基水杨酸处理的大豆叶片中 SOD 活性始终高于用水杨酸处理过的大豆。在 2 种外源酚酸浓度分别为

0.5mmol/L，1.5mmol/L，2.5mmol/L 时，加 5-磺基水杨酸的大豆 SOD 活性分别是加水杨酸的 1.03 倍、1.07 倍、1.03 倍。

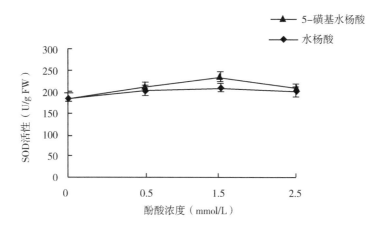

图 5-13　盐胁迫下两种外源酚酸对大豆 SOD 活性的影响

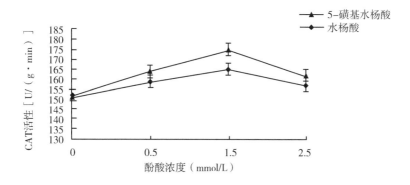

图 5-14　盐胁迫下两种外源酚酸对大豆 CAT 活性的影响

（三）水杨酸、5-磺基水杨酸对大豆盐胁迫下 CAT 的影响

从图 5-14 可以看出，在 150mmol/L NaCl 胁迫下，加入水杨酸、5-磺基水杨酸后，大豆郑 951099 的 CAT 的活性均发生了显著变化，大豆叶片中 CAT 的活性均是先升高后降低。在 2 种外源酚酸浓度达 1.5mmol/L 时，大豆叶片中 CAT 的活性达最大值。但是，2 种外源酚酸在同一浓度时，用 5-磺基水杨酸处理的大豆叶片中 CAT 的活性始终高于用水杨酸处理的大豆。在 2 种外源

酚酸浓度分别为 0.5mmol/L，1.5mmol/L，2.5mmol/L 时，加 5-磺基水杨酸处理的大豆 CAT 活性分别是加水杨酸处理的 1.03 倍、1.07 倍、1.03 倍。

三、讨论与结论

在盐胁迫下，植物的新陈代谢受到明显的影响，植物体内的活性氧大量累积，破坏细胞膜结构，影响细胞内的酶活性（董兴月等，2011；张海波等，2011；李兆南等，2011；付畅等，2007；陈颖等，2012；Alscher 等，2002）。同时细胞内一些酶的活性也发生显著变化。如 CAT，SOD 等，它们活性的高低直接反映其对植物体活性氧清除能力的强弱，同时也反映植物受害程度的大小（张永芳等，2015）。

本试验结果表明，在盐胁迫条件下，2 种外源酚酸对大豆的生长、发育有一定的缓解作用。在加入 2 种外源酚酸时，大豆中的 MDA 含量先下降后升高，CAT，SOD 活性先升高后下降。但是 5-磺基水杨酸比水杨酸的缓解效果更明显。这与张林青的研究结果相似：SA 可以增加番茄叶绿素的含量，提高 POD，CAT 的活性（张林青，2011），降低 MDA 的含量，缓解盐胁迫对幼苗生长的抑制。但 SA 的最佳诱导浓度为 1mmol/L（付畅等，2007），如果超越了这个浓度，则 CAT，SOD 等抗氧化酶系统就会受到损伤（国家林业局，2011）。这 2 种外源酚酸的作用差异机理可能与对植物体内生长素表现不同效果有关。因为一元酚酸类能促进 IAA 侧链的氧化，且促进作用随羟基在环上的取代位置而异，磺基活性强于羟基，所以，5-磺基水杨酸对 IAA 侧链的氧化作用比水杨酸强，引起组织内 IAA 浓度的减少量较多（李兆南等，2011）。

第五节　苗期大豆对除草剂草甘膦的耐受性研究

大豆起源于中国，在我国各地广泛种植，其产量居全世界第 4 位（丛建民等 2004）。然而由于杂草危害，如稗草、马唐、苍耳和鸭拓草等，很大程度造成了大豆产量和品质的下降，给生产过程带来巨大影响。近几年，随着化学除草剂如乙草胺、2，4-D 丁酯和氟磺胺草醚等的使用面积不断扩大，极大地提高了生产效率，同时带来了巨大的经济效益，但是什么时候喷、如何喷除草剂才能保证大豆的安全性成为人们攻克的难关。有研究表明，在苗期除草对大豆极为重要（原向阳等，2009）。草甘膦因其杀草广谱，传导迅速，挥发性好，且对环境友好、无土壤残留，喷药时期范围宽，被广泛应用（张喜成等，2010）。但是现有学者证明，在作物生长中，使用低剂量的除草剂，虽然一定程度上除去了部分杂草，但同时会使作物处于逆境中，影响其形态、生理代谢等，最终导致作物减产、品质下降（王艳秋等，2013；李贵等，2007）。

目前，国内外关于草甘膦对大豆影响的研究较多。国外学者的研究集中在对其形态指标和产量构成的影响上（李合生，2001；赵世杰等1994）。如：国外学者研究了不同浓度的草甘膦对大豆的影响以及后代中配子的分离情况（David 等，2006）。我国科学家的研究主要集中在不同时期、不同药剂对大豆喷施草甘膦后其各项生理指标的变化（黄春艳等，2003；刘文娟等，2013）。目前尚无有关不同部位喷施草甘膦对大豆苗期影响的报道。

本实验在大豆苗期（第3复叶期）不同部位喷施10%草甘膦水剂，测定大豆形态指标和生理指标的变化。以期探明大豆不同部位对草甘膦的耐受性以及草甘膦胁迫下大豆生理变化的机理，为草甘膦的作用机制提供理论依据。

一、材料与方法

（一）实验设计

实验于2015年4月在山西大同大学实验室进行，采用沙培法种植大豆。供试试剂为41%草甘膦异丙胺盐水剂（江苏省苏科农化有限责任公司提供），用时稀释为10%。试验材料为市售大豆种子，用75%的酒精浸泡消毒3～4min，置于滤纸上备用。共种植12盆，每盆播种无病虫、饱满、均匀一致的大豆种子10粒，再覆土约1cm。待种子出苗后，每天喷施一定量的 Hoagland 营养液，当长出3片复叶（5月4日）时，于10:00—11:00用棉棒蘸取等量的10%草甘膦涂抹茎和叶2个部位，各处理3盆，为实验组（S），以涂清水为空白对照组（CK），各3盆。

（二）测定项目与方法

1. 株高的测定

5月4日上午（施药前）和5月9日上午（施药5d后）分别测定各处理大豆幼苗的株高。

2. 生理指标的测定

于5月5日上午测大豆叶片各生理指标。可溶性糖含量的测定采用蒽酮比色法（李合生，2001）。丙二醛含量的测定采用硫代巴比妥酸（TBA）法（赵世杰等，1994）。叶绿素含量的测定采用丙酮法（甄泉等，2006）。脯氨酸含量的测定采用水浴浸提法，每次测定重复3次。

3. 数据处理

采用SASS 6.0对数据进行分析。

二、结果与分析

（一）苗期不同部位施加草甘膦对大豆幼苗株高的影响

由表5-7可知，茎、叶对照组株高增幅分别是15.79%，17.74%，在苗期茎和叶分别施加10%的草甘膦，株高增幅分别是6.40%，8.63%，可见大豆幼苗比对照组均生长缓慢，且处理不同部位缓慢的程度不一样，缓慢的幅度分别是9.39%，9.11%。与叶比较，处理茎，幼苗生长更缓慢，这可能与植株所需的各种营养的吸收部位及其在体内运输的途径相关。

表5-7　苗期不同部位施加草甘膦对大豆幼苗株高的影响

部位	施药前株高（cm）	施药后株高（cm）	增幅（%）
茎（CK）	11.2	13.3	18.75
茎（S）	12.57	13.43	6.80
叶（CK）	10.2	12.4	21.57
叶（S）	12.7	13.9	9.45

（二）苗期不同部位施加草甘膦对大豆叶片可溶性糖含量的影响

由图5-15可知，在大豆苗期的茎和叶分别施10%草甘膦，幼苗的可溶性糖含量均比对照组低，其中茎下降了4.49µg/g，叶下降了5.44µg/g，叶比茎降低的程度大，说明茎比叶对该剂量的草甘膦具有更高的承受能力。这是因为可溶性糖作为一种渗透调节物质，能够提供植物营养生长和生殖生长所需的物质和能量，含量高有利于幼苗生长，提高植株的抗逆性。

（三）苗期不同部位施加草甘膦对大豆叶片叶绿素含量的影响

由图5-16可知，在大豆苗期茎和叶2个部位分别施加草甘膦后，幼苗中

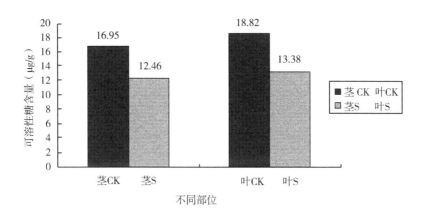

图5-15 苗期不同部位施加草甘膦对大豆叶片可溶性糖含量的影响

的叶片叶绿素含量均下降，茎下降了约1.94mg/g，叶下降了约1.6mg/g，可见茎比叶叶绿素下降的程度更大，茎比叶更易受到草甘膦的伤害。这可能是因为叶片中含有的叶绿素在光合作用中占主导地位，不仅能收集和传递光能，而且使得光合速率加快，补偿速率较茎加快，所受伤害也小。

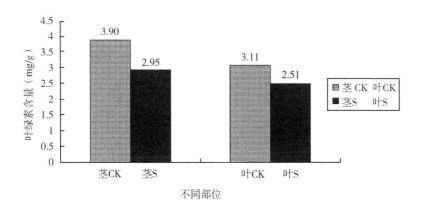

图5-16 苗期不同部位施加草甘膦对大豆叶片叶绿素含量的影响

（四）苗期不同部位施加草甘膦对大豆叶片脯氨酸含量的影响

由图5-17可知，在大豆苗期茎和叶2个部位涂抹草甘膦，幼苗的叶片中的脯氨酸含量较对照组均增加，其中茎增加了约0.043μg/g，叶增加了约0.012μg/g，增加的幅度茎远大于叶，可见茎受损害的程度较叶大。这可能是因为草甘膦胁迫下，作物体内会合成较多的脯氨酸，清除活性氧，减少细胞膜脂质过氧化作用，避免植物受伤害，以保证植物正常的生命活动能够进行，而叶较茎的耐受性更强。

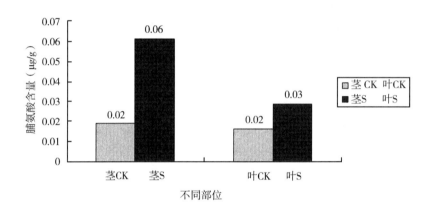

图5-17　苗期不同部位施加草甘膦对大豆叶片脯氨酸含量的影响

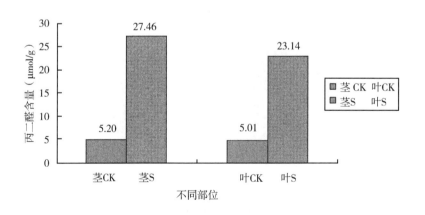

图5-18　苗期不同部位施加草甘膦对大豆叶片丙二醛含量的影响

（五）苗期不同部位施加草甘膦对大豆叶片丙二醛含量的影响

由图 5-18 可知，在大豆苗期茎和叶两部位分别施草甘膦，叶片中 MDA 含量均比对照组高，茎中 MDA 含量增加了约 22.25μmol/g，叶中 MDA 含量增加了约 18.13μmol/g，茎相对叶增加的幅度大。可见该剂量的草甘膦对茎伤害更大。这是因为丙二醛可以消除植物体内产生的多余的自由基，保护植物，维持正常的生理代谢。

三、结论与讨论

植物生长和发育所需的营养物质主要靠根部吸收，再从根部运输到植物的其他部分。因此 10% 草甘膦处理后，因其茎、叶结构有所破坏，导致物质从茎到叶运输速率减慢，幼苗生长也变得缓慢，而叶片由于能进行光合作用，所以暂时能满足自身生长的需要，因而相对茎受的影响较小。

喷洒草甘膦可以防除作物里的杂草，但是对于作物本身来说却是一种逆境，这种逆境会对作物造成影响，使植物正常的物质运输、能量转换等生理代谢过程受阻，一些有机酸、氨基酸和可溶性糖等调节物含量发生改变，从而降低细胞的水势，来适应外界环境（甄泉等，2006；王萍萍等，2007）。本实验也验证了这一点，如经 10% 草甘膦处理大豆幼苗的茎和叶，叶片中可溶性糖含量均下降，且二者降低的量不同，由此可知，该剂量均对幼苗的结构造成了伤害，且茎和叶受损程度不同，这可能由于叶片是进行光合作用、合成有机物的主要部位，因而叶受害更严重。这与江海澜等人对龙葵施加不同量的草甘膦，测定幼苗可溶性糖含量，所发生的变化一致（汪海澜等，2011）。再如 10% 草甘膦处理大豆苗期不同部位，大豆幼苗脯氨酸含量、丙二醛含量均升高，但茎增加的量高于叶，说明茎对草甘膦更敏感，叶的耐逆性较茎更强，草甘膦使得幼苗缺水严重，增加脯氨酸或者丙二醛含量可使细胞的水势降低，从而防止水分丢失，避免植物正常生命活动受到影响（曲爱军等，2006）。

在光合作用中，叶绿素起主导作用。卜贵军等在研究大豆施加草甘膦后，测定的叶绿素含量减少（卜贵军等，2010）。本实验中，大豆苗期茎和叶分别施加草甘膦后，幼苗的叶片卷曲呈烧焦状，叶绿素含量明显下降，与上述研究一致。且不同部位下降的程度存在差异，茎下降的更多，可能茎部结构破坏，叶绿素合成所需的物质运输途径受阻，因而合成的叶绿素减少，而处理叶，不会阻断运输途径。

综上所述，在大豆苗期用 10%草甘膦处理其不同部位，幼苗生长速度均减慢，生理受到不同程度的影响。综合比较，茎比叶对该剂量的草甘膦较敏感。因此，笔者认为，不同部位的耐药性差异可能与部位的结构及其功能有关，具体原因有待进一步研究（张永芳等，2016）。

参考文献

包悦琳，陈鸽，王婷婷，等，2021. 铁胁迫对大豆农艺性状及生理生化指标的影响
　　[J]. 石河子大学学报（自然科学版），39（6）：688-692.

卜常松，江木兰，胡小加，等，1997. 一株大豆根系来源的不同类型土著 B. japonicum
　　菌株的共生特性 [J]. 土壤（6）. 299-303.

卜贵军，郑小江，王学东，等，2010. 草甘膦对大豆叶片超微结构及生化指标的影响
　　[J]. 中国油料作物学报，32（2）：285-28.

常汝镇，1989. 关于栽培大豆起源的研究 [J]. 中国油料，39：1-6.

陈慧，邱伟，姚玉波，等，2013. 不同大豆品种根瘤固氮酶活性与固氮量差异研究
　　[J]. 核农学报，27（3）：379-383.

陈慧欢，2016. 大豆对两侧不同光环境的形态及生理响应 [D]. 成都：四川农业大学.

陈庆华，2009. 干旱胁迫对大豆幼苗叶片保护酶活性和膜脂过氧化作用的影响 [J]. 安
　　徽农业科学，37（14）：6396-6398.

陈晓晶，徐忠山，赵宝平，等，2021. 盐胁迫对燕麦根系呼吸代谢、抗氧化酶活性及产
　　量的影响 [J]. 生态学杂志，40（9）：2773-2782.

陈昕宇，张真，张早立，等，2024. 盐胁迫下大豆抗感品种根系微生物群落结构分析
　　[J]. 河南农业大学学报，1-15.

陈学珍，谢皓，郝丹丹，等，2005. 干旱胁迫下 20 个大豆品种芽期抗旱性鉴定初报
　　[J]. 北京农学院学报，20（3）：54-56.

陈颖，徐彩平，汪南阳，等，2012. 盐胁迫下水杨酸对南林 895 杨组培苗抗氧化系统的
　　影响 [J]. 南京林业大学学报，36（6）：17-22.

程俊英，2014. 诗经译注 [M]. 上海：上海古籍出版社：208.

程莉君，石雪萍，姚惠源，2007. 大豆加工利用研究进展 [J]. 大豆科学，26（5）：
　　775-780.

程艳波，江炳志，曹亚琴，等，2012. 不同来源菜用大豆品种适应性的评价 [J]. 中国
　　农学通报，28（4）：151-156.

丛建民，冯亚欣，2004. 大豆研究开发的前景及意义 [J]. 白城师范学院学报（5）：
　　31-35.

崔杰印, 武婷婷, 宋雯雯, 等, 2018. 黑龙江中上游地区早熟野生大豆种质资源的抗旱性鉴定 [J]. 植物遗传资源学报, 19 (6): 1073-1082.

戴继红, 2023. 大豆主要栽培技术 [J]. 园艺与种苗, 43 (7): 104-105.

邓思雪, 2018. 干旱胁迫下不同大豆品种萌发特性及其耐旱性评价 [D]. 沈阳: 沈阳农业大学.

邸伟, 2010. 大豆根瘤固氮酶活性与固氮量的研究 [D]. 哈尔滨: 东北农业大学.

董建新, 王彦华, 闫春萍, 2013. 水杨酸对盐胁迫下大白菜种子萌发及幼苗生理特性的影响 [J]. 现代农业科技 (6): 74-79.

董秋平, 赵恢, 张小芳, 等, 2017. 低磷胁迫下不同野生大豆的形态和生理响应差异 [J]. 江苏农业科学, 45 (9): 79-83.

董兴月, 林浩, 刘丽君, 等, 2011. 干旱胁迫对大豆生理指标的影响 [J]. 大豆科学, 30 (1): 83-88.

窦新田, 1992. 大豆品种资源携带的无效结瘤 RJ2 基因的研究 [J]. 生物技术, 4: 9-10.

窦新田, 陈怡, 1992. 不同熟期和结荚习性大豆品种的固氮活性差异及其遗传变异 [J]. 中国油料, 1: 27-29.

段学艳, 樊云茜, 卫玲, 等, 2007. 山西省大豆育种现状与发展对策 [J]. 大豆通报 (5): 41-42.

樊蕙, 徐玲玫, 葛诚, 等, 1992. 大豆根瘤菌优良菌株与春大豆品种的亲和性研究 [J]. 大豆科学, 11: 139-145.

樊蕙, 徐玲玫, 葛诚, 等, 1991. 快生型大豆根瘤菌 (R. fyedii) 与不同地区栽培大豆的共生效应 [J]. 中国农业科学, 24 (1): 80-88.

付畅, 关旸, 徐娜, 2007. 盐胁迫对野生和栽培大豆中抗氧化酶活性的影响 [J]. 大豆科学, 26 (2): 146-148.

付亚书, 陈维元, 姜成, 等, 2017. 大豆优异种质资源绥农 14 在育种中的应用 [C]. 第十届全国大豆学术讨论会摘要集.

盖钧镒, 许东河, 高忠, 等, 2000. 中国栽培大豆和野生大豆不同生态类型群体间遗传演化关系的研究 [J]. 作物学报, 26, 514-520.

高俊凤, 2006. 植物生理学实验指导 [M]. 北京: 高等教育出版社, 214-218.

高文军, 李卫红, 王喜明, 等, 2020. 3,5-二硝基水杨酸法测定蔓菁中还原糖和总糖含量 [J]. 中国药业, 29 (9): 113-116.

高亚梅, 韩毅强, 杜吉到, 等, 2007. 干旱胁迫对大豆酶活性的影响 [J]. 黑龙江八一农垦大学学报, 19 (4): 13-16.

葛诚, 李俊, 樊蕙, 等, 1994. 大豆三类共生体的生态学研究 [J]. 大豆科学, 13 (4): 331-335.

葛诚, 徐玲玫, 樊慧, 等, 1984. 快生型大豆根瘤菌的抗原分析 [J]. 大豆科学, 3

（3）：237-242.

郭数进，李贵全，2008. 晋旱125×（昔野×501）杂交后代保护酶与抗旱性关系的研究 [J]. 黑龙江农业科学（2）：23-26.

郭文韬，1993. 中国大豆栽培史 [M]. 南京：河海大学出版社：85.

郭永跃，马君义，吕孝飞，等，2021. 基于电子鼻技术鉴别陇南初榨橄榄油 [J]. 中国粮油学报：1-10.

国家林业局，2011-1-5. 中国荒漠化和沙漠化状况 [N]. 中国绿色时报.

郝丽宁，陈书霞，王聪颖，等，2013. 不同基因型黄瓜果实芳香物质组成及含量差异研究 [J]. 西北农林科技大学学报（自然科学版），41（6）：139-146.

郝雪峰，高惠仙，燕平梅，等，2013. 盐胁迫对大豆种子萌发及生理的影响 [J]. 湖北农业科学，5，（6）：1263-1266.

何静雯，赵晟，岳庆春，等，2018. 弱光胁迫下'鄞红'葡萄光合特性及相关基因的表达 [J]. 西南农业学报，31（12）：2520-2526.

侯云龙，高淑芹，马晓萍，等，2017. 大豆根瘤共生固氮分子机制研究进展 [J]. 农业科学，37（21）：33-36.

胡跃，佘跃辉，刘卫国，等，2018. 弱光对不同耐荫大豆苗期根系以及光合特性的影响 [J]. 四川农业大学学报，36（2）：145-151.

黄春艳，王宇，陈铁保，等，2003. 酰胺类除草剂不同施药方法对大豆苗期安全性研究 [J]. 黑龙江农业科学（6）：5-8.

黄特辉，张志杰，郭媛媛，等，2020. 基于电子鼻技术的太子参产地及产地加工方法鉴别 [J]. 中国药学杂志，55（10）：811-816.

黄显慈，1990. 鉴别豆油回味产生强烈气味的化合物 [J]. 加工（2）：41-45.

黄义春，2015. 植物抗旱机制的研究概述 [J]. 现代农业（10）：26-27.

黄志宏，吕柳新，2002. 微生物与植物共生结瘤固氮的分子遗传学研究进展 [J]. 福建农林学报，31：1.

黄忠林，唐湘如，王玉良，等，2012. 增香栽培对香稻香气和产量的影响及其相关生理机制 [J]. 中国农业科学，45，（6）：1054-1065.

贾伯年，1992. 传感器技术 [M]. 南京：东南大学出版社.

江木兰，张学江，徐巧珍，等，2003. 大豆—根瘤菌的固氮作用 [J]. 中国油料作物学报，25（1）：50-53.

蒋盈盈，卿志星，2020. 基于GC-MS技术分析香蕉成熟前后香味物质变化 [J]. 热带农业科学，40（11）：102-106.

津崎，真一，1998. 大豆イソフラボンの癌予防効果について [J]. New Food Industry，40（4）：59-63.

孔照胜，武云帅，岳爱琴，等，2001. 不同大豆品种抗旱性生理指标综合分析 [J]. 华北农学报，16（3）：40-45.

雷怡，高静，王琪，等，2023. 弱光对南北大豆品种叶片结构与光合特性的影响 [J]. 四川农业大学学报，41（5）：755-764.

李安妮，刘敏敏，庾翠梅，等，1983. 用蒽酮法测定花生荚果和植株可溶性糖和淀粉 [J]. 中国油料（3）：52-54.

李傲辰，2020. 大豆的主要营养成分及营养价值研究进展 [J]. 现代农业技（23）：213-214，218.

李成磊，2018. 大豆育种进展与前景展望 [J]. 农业开发与装备（12）：61.

李福山，1994. 大豆起源及其演化研究 [J]. 大豆科学，13（1）：61-66.

李贵，吴竞仑，2007. 除草剂对作物生理生化指标的影响 [J]. 安徽农业科学（31）：45-48.

李贵全，杜维俊，孔照胜，等，2000. 不同大豆品种抗旱生理生态的研究 [J]. 山西农业大学学报（3）：197-200.

李贵全，刘建兵，李玲，等，2006. 大豆品种抗旱性综合评价 [J]. 应用生态学报，17（12）：2408-2412.

李合生，2001. 植物生理生化试验原理与技术 [D]. 北京：高等 教育出版社.

李建英，田中艳，周长军，等，2010. 干旱胁迫下化控种衣剂对大豆幼苗生长发育及保护酶活性的影响 [J]. 大豆科学，29（4）：611-614.

李江涛，于会勇，杨彩云，等，2015. 浅析大豆育种技术 [J]. 农业科技通讯（9）：224-225.

李姣姣，徐舟，梁翠月，等，2015. 不同磷浓度下结瘤对大豆生长及苹果酸合成和分泌的影响 [J]. 大豆科学，34（4）：643-647，652.

李娟，张耀庭，曾伟，等，2000. 应用考马斯亮蓝法测定总蛋白含量 [J]. 中国生物制品学杂志（2）：118-120.

李俊茹，2021. 大豆品种资源低聚糖与脂肪酸鉴定及特异种质筛选 [D]. 保定：河北农业大学.

李倩倩，2017. 四个中国大豆品种发芽过程营养成分消长变化规律 [D]. 北京：中国农业科学院.

李山译注，2009. 管子 [M]. 北京：中华书局.

李淑菊，马德华，庞金安，等，2000. 水杨酸对黄瓜几种酶活性及抗病性的诱导作用 [J]. 华北农学报，15（2）：118~122.

李文滨，宋春晓，苌兴超，等，2019. 干旱胁迫下20个大豆品种抗旱性评价 [J]. 东北农业大学学报，5（14）：1-9.

李新民，窦新田，李晓鸣，1993. 不同大豆品种田间结瘤固氮有效性的评价 [J]. 大豆科学，12（4）：308-312.

李岩哲，熊雅文，许亚男，等，2023. 大豆低聚糖优异种质鉴定及GWAS分析 [J]. 植物遗传资源学报，24（3）：780-789.

李焰焰，聂传朋，董召荣，2005. 盐胁迫下 5-磺基水杨酸、水杨酸对小黑麦种子生理特性的影响 [J]. 种子，24（1）：8-10.

李莹，等，1991. 大豆遗传资源研究论文集 [C]，山西科学技术出版社：128-137.

李兆南，孙石，2011. 大豆耐盐性鉴定研究进展 [J]. 现代农业科技（8）：11-13.

李志新，2011. 应用近红外品质分析仪测定马铃薯淀粉的研究 [J]. 黑龙江农业科学（11）：78-79.

梁成弟，1990. 大豆抗旱性的鉴定方法 [J]. 中国油料（1）：34-37.

林峰，赵慧艳，史飞飞，等，2024. 大豆种质资源苗期耐盐鉴定及遗传多样性分析 [J]. 植物遗传资源学报，1-14.

林海明，张文霖，2005. 主成分分析与因子分析的异同和 SPSS 软件—兼与刘玉玫，卢纹岱等商榷 [J]. 统计研究（3）：65-69.

林汉明，常汝镇，邵桂花，等，2009. 中国大豆耐逆研究 [M]. 北京：中国农业出版社：26-35.

刘艮舟，盖钧镒，马育华，1989. 江淮下游大豆地方品种杭旱性鉴定的初步研究 [J]. 南京农业大学学报，12（1）：15-20.

刘德金，徐树传，1991. 福建野生大豆生态分布及其分类 [J]. 福建省农科院学报（2）：18-24.

刘鹏，杨玉爱，2000. 硼钼胁迫对大豆叶片硝酸还原酶与硝态氮的影响 [J]. 浙江大学学报（农业与生命科学版）（2）：36-39.

刘瑞新，郝小佳，张慧杰，等，2020. 基于电子眼技术的中药川贝母真伪及规格的快速辨识研究 [J]. 中国中药杂志，45（14）：3441-3451.

刘文娟，刘勇，宋君，等，2013. 喷施草甘膦对转基因大豆产量构成和抗性遗传的影响 [J]. 中国油料作物学报，35（6）：697-703.

刘学义，伍冬莲，李晋明，等，1996. 大豆成苗期根系与抗旱性的关系研究 [J]. 山西农业科学，24（1）：27-30.

刘学义，张小虎，1993. 黄淮海地区豆种资源抗旱性鉴定及其研究 [J]. 山西农业科学，21（1）：19-24.

刘忠堂，2012. 新形势下我国大豆产业发展问题的探讨 [J]. 大豆科技（1）：9-11.

鲁剑巍，2012. 大豆常见缺素症状图谱及矫正技术 [M]. 北京：中国农业出版社：15-18.

路贵和，2000. 黄淮海地区不同抗旱类型大豆种质资源气孔特征与抗旱性的研究 [J]. 大豆科学，19（1）：1-7.

吕凤霞，陆兆新，2001. 大豆生理活性物质功能的研究进展 [J]. 食品科技（5）：69-71.

吕乐福，李晓云，徐宝钦，等，2017. 不同发芽日期大豆的主要营养品质特征及其分类评价 [J]. 山东农业科学，49（1）：29-34.

吕世霖，1978. 关于我国栽培大豆原产地问题的探讨［J］，中国农业科学，4：90-94.

吕贻忠，李保国，2006. 土壤学［M］. 北京：中国农业出版社：356-357.

罗建玲，罗玉芳，程秀云，2021. 食品风味分析技术研究进展［J］. 食品安全导刊
（3）：154-156.

罗庆云，於丙军，刘友良，2003. NaCl 胁迫下 Cl⁻ 和 Na⁺ 对大豆幼苗胁迫作用的比较
［J］. 中国农业科学，036（11）：1390-1394.

罗瑞萍，等，2018. 大豆优质高效技术知识答疑［M］. 银川：阳光出版社.

马先红，刘景圣，陈翔宇，2015. 粮食发芽富集 GABA 及食品开发研究进展［J］. 食品
研究与开发，36（21）：198-200.

马先红，刘景圣，陈翔宇，等，2015. 我国发芽粮食及食品应用研究最新进展［J］. 粮
食与油脂，28（12）：1-3.

马彦良，2019. 弱光对黄瓜幼苗次生物质及相关酶活性的影响［D］. 大庆：黑龙江八
一农垦大学.

毛诗雅，武佳丽，高静，等，2020. 弱光对苗期大豆叶片形态结构和光合荧光特性的影
响［J］. 四川农业大学报，38（4）：409-415.

蒙忻，刘学义，方宣钧，2003. 利用大豆分子连锁图定位大豆孢囊线虫4号生理小种抗
性 QTL［J］. 分子植物育种，1（1）：6-21.

苗颖，马莺，2005. 大豆发芽过程中营养成分变化［J］. 粮食与油脂（5）：29-30.

聂莹，邢亚楠，黄家章，等，2020. 主栽大豆营养品质及加工特性初探［J］. 食品工业
技术，42（17）：1-10.

农玉琴，骆妍妃，陈远权，等，2022. 施磷对玉米-大豆间作结瘤固氮及氮素吸收的影
响［J］. 中国土壤与肥料（11）：10-16.

弄庆媛，麦秀英，周虹，等，2012. 植物甜菜碱醛脱氢酶的生物信息学分析［J］. 北方
园艺（8）：120-124.

乔亚科，杨晓倩，乔潇，等，2014. 大豆基于形态及生理指标的抗旱性评价及相关性分
析［J］. 大豆科学，33（5）：667-673.

秦君，2008. 大豆品种绥农遗传基础分析及优异基因鉴定［D］. 保定：河北农业大学.

邱丽娟，常汝镇，2006. 大豆种质资源描述规范和数据标准［M］. 北京：中国农业出
版社：58-75.

曲爱军，郭丽红，孙绪艮，等，2006. 农药胁迫对大叶黄杨 SOD 和脯氨酸含量的影响
［J］. 农药，45（1）：35.

任丙新，2020. 大豆蛋白质、脂肪及脂肪酸主要组分含量 QTL 定位［D］. 北京：中国
农业科学院.

任二芳，李建强，黎新荣，等，2021. 不同百香果汁添加量对百香果果脯品质特性及风
味物质的影响［J］. 食品与发酵工业，6：1-10.

任梦露，2017. 荫蔽胁迫对大豆苗期茎秆木质素合成的影响［D］. 成都：四川农业

大学.

阮有志，宋小楠，吴隆坤，等，2019. 发芽大豆粉营养成分分析及其在蛋糕中的应用 [J]. 现代食品（8）：71-74，84.

沈世华，荆玉祥，2003. 中国生物固氮研究现状和展望 [J]. 科学通报，48（6）：535-540.

史宏，2018. 不同生态类型大豆农艺性状与产量关系的研究 [J]. 华北农学报，33（1）：150-159.

史宏，刘学义，2003. 野生大豆抗旱性鉴定及研究 [J]. 大豆科学，22（3）：264-268.

司马迁，2011. 史记 [M]. 北京：中华书局.

宋健华，2013. 中国人发明的调料——酱油 [J]. 食品与生活（1）：44-45.

宋江峰，刘春泉，姜晓青，等，2015. 基于主成分与聚类分析的菜用大豆品质综合评价 [J]. 食品科学，36（13）：12-17.

宋士清，郭世荣，尚庆茂，等，2006. 外源 SA 对盐胁迫下黄瓜幼苗的生理效应 [J]. 园艺学报，33（1）：68-72.

宋志峰，牛红红，何智勇，等，2014. 静态顶空萃取-气相色谱-质谱法分析大豆花中挥发性成分 [J]. 大豆科学，33（4）：574-577.

苏晓霞，刘雄飞，黄一珍，等，2019. 基于 GC-MS 和 GC-O 的浓香菜籽油特征风味物质分析 [J]. 食品工业科技，40（1）：239-245.

孙德智，何淑平，彭靖，等，2013. 水杨酸和硝普钠对 NaCl 胁迫下番茄幼苗生长及生理特性的影响 [J]. 西北植物学报，33（3）：541-546.

孙国荣，关畅，阎秀峰，等，2001. 盐胁迫对星星草幼苗保护酶系统的影响 [J]. 草地学报，9（1）：34-38.

孙笑，李国亮，李菲，等，2021. 大白菜木质素含量测定方法的建立 [J]. 中国蔬菜（6）：61-67.

孙永刚，2014. 从历史文献到考古资料：论栽培大豆的起源 [J]. 大豆科学，33（1）：124-127.

谭娟，2007. 接种俄罗斯大豆根瘤菌对大豆生长和产量的影响 [J]. 作物杂志，4：36-37.

陶毅，1991. 清异录 [M]. 北京：中华书局.

田卉玄，杨瑞琦，邹慧琴，等，2021. 电子鼻与 HS-GC-MS 技术快速鉴别肉豆蔻霉变过程中气味变化及其物质基础 [J]. 中国中药杂志：1-9.

田力，2010. 浅谈气相色谱-质谱联用仪的基本性能 [J]. 大众标准化（s2）：35-36.

田清震，盖钧镒，2001. 大豆起源与进化研究进展 [J]，大豆科学，20，1：54-59.

田再民，龚学臣，抗艳红，等，2011. 植物对干旱胁迫生理反应的研究进展 [J]. 安徽农业科学，39（26）：16475-16477.

万超文，闫淑荣，王微，等，1998. 黄淮海地区夏大豆区试品种化学品质的研究

[J]. 大豆科学, 17 (1)：10-18.

万曦, Vleghels I, 2001. 克隆植物早期结瘤素基因 *ENOD40* 的受体基因 [J]. 农业生物技术学报, 9 (3)：293-296.

汪海澜, 王俊刚, 邓小霞, 等, 2011. 龙葵对草甘膦苗期生理指标的影响 [J]. 西北农业学报, 20 (6)：186-189.

汪洪涛, 陈成, 余芳, 等, 2015. 3 种大豆发芽过程中营养成分变化规律研究 [J]. 食品与机械, 31 (1)：30-32, 163.

汪扬媚, 2017. 不同大豆品种对荫蔽及光照恢复的形态、生理响应 [D]. 成都：四川农业大学.

汪直华, 汪扬媚, 陈梦, 等, 2023. 不同荫蔽程度及光照恢复对不同大豆品种光合生理的影响 [J]. 四川农业大学学报, 41 (5)：765-772.

王春艳, 陈香兰, 王连敏, 等, 1990. 根际渍水对大豆叶绿素含量的影响 [J]. 中国油料 (1)：29-32.

王春雨, 朱冠雄, 田艺心, 等, 2024. 大豆耐盐碱生理机制及种质筛选研究进展 [J]. 大豆科学, 431)：1107-1113.

王芳, 刘鹏, 朱靖文, 2004. 镁对大豆根系活力叶绿素含量和膜透性的影响 [J]. 农业环境科学学报, 23 (2)：235-239.

王富豪, 黄璐, 薛晨晨, 等, 2021. 不同品种大豆异黄酮组分及体外抗氧化活性分析 [J]. 食品工业科技, 42 (17)：1-13.

王鹤潼, 潘泓杉, 王朝, 等, 2021. 不同品种金针菇特征挥发性物质的差异分析 [J]. 食品科学, 42 (2)：193-199.

王慧, 2014. 大豆品种及发芽时间对豆芽营养成分与产量的影响 [D]. 哈尔滨：东北农业大学.

王继亮, 程芳艳, 蒋红鑫, 等, 2019. 大豆功能性成分研究及育种进展 [J]. 现代化农业 (7)：7-9.

王金陵, 1947. 大豆性状之演化 [J]. 农报, 12 (5)：6-11.

王金陵, 1955. 大豆根系的初步观察 [J]. 农业学报, 6 (3)：331-334.

王婧, 2021. 电子鼻、电子舌对不同规格番茄酱风味的分析 [J]. 农产品加工 (6)：52-55, 58.

王岚, 王连铮, 赵荣娟, 等, 2009. 高产高油早熟广适应性大豆新品种中黄 35 的选育 [J]. 大豆科学, 28 (2)：360-362.

王萌, 刘文君, 鲁雪莉, 等, 2023. 大豆种质资源萌发期耐盐性评价和耐盐机理解析 [J]. 中国农学通报, 39 (26)：8-16.

王敏, 杨万明, 侯燕平, 等, 2010. 不同类型大豆花荚期抗旱性形态指标及其综合评价 [J]. 核农学报, 24 (1)：154-159.

王萍萍, 唐咏, 孙东, 2007. Cu^{2+} 胁迫对龙葵生理生化特性的影响 [J]. 安徽农业科学, 35 (11): 3153-3155.

王启明, 徐心诚, 马原松, 等, 2005. 干旱胁迫下大豆开花期的生理生化变化与抗旱性的关系 [J]. 干旱地区农业研究, 23 (4): 98-102.

王书恩, 1986. 中国栽培大豆的起源及其演变的初步探讨 [J]. 吉林农业科学 (1): 75-79.

王甜, 2023. 田间配置对间作大豆叶片光合功能、物质积累分配及产量形成的影响研究 [D]. 成都: 四川农业大学.

王廷璞, 王静, 孙晓艳, 2011. 锰胁迫对大豆幼苗 POD 活性及其同工酶的影响 (英文) [J]. Agricultural Science & Technology, 12 (1): 33-36.

王薇, 朱庆珍, 2011. 黑豆不同发芽期 VC 变化规律研究 [J]. 农产品加工 (学刊) (10): 49-50, 56.

王卫卫, 胡正海, 2003. 几种生态因素对西北干旱地区豆科植物结瘤固氮的影响 [J]. 西北植物学报, 23 (7): 1163-1168.

王小名, 1998, 黄豆叶粉饲喂育肥猪的应用效果 [J]. 饲料博览, 10 (3): 3-4.

王晓岩, 郝再彬, 邱丽娟, 2010. HPLC 法快速检测大豆籽粒中大豆低聚糖的含量 [J]. 食品科技, 35 (7): 287-290.

王莘, 王艳梅, 闵卫红, 等, 2003. 大豆萌发期功能性营养成分测定与分析 [J]. 中国粮油学报 (4): 30-32.

王璇琳, 李素波, 高红伟, 等, 2008. 重组 α-半乳糖苷酶酶解大豆低聚糖研究 [J]. 食品科学, 29 (12): 222-226.

王学勇, 廖采丽, 黄璐琦, 等, 2014. 一种基于电子鼻技术的鹿茸 "真伪" 快速鉴定方法: CN104251873A [P].

王雪, 赵丽红, 王宇, 等, 2013. 大豆盐胁迫研究概述 [J]. 吉林农业 (9): 18.

王艳秋, 张飞, 邹剑秋, 等, 2013. 不同除草剂处理下高粱出苗及光合物质生产 [J]. 西北农业学报, 22 (10): 108-115.

王燕翔, 2013. 发芽大豆营养成分变化及其豆腐加工技术研究 [D], 郑州: 河南农业大学.

王一, 张霞, 杨文钰, 等, 2016. 不同生育时期遮阴对大豆叶片光合和叶绿素荧光特性的影响 [J]. 中国农业科学, 49 (11): 2072-2081.

王英典, 刘宁, 2005. 植物生物学实验指导 [M]. 北京: 高等教育出版社.

王增进, 张玉先, 2005. 大豆盐胁迫研究进展 [J]. 黑龙江八一农垦大学学报, 17 (6): 26-29.

文珂, 郭晓玉, 谭娜娜, 等, 2018. 锰胁迫对野大豆种子萌发及幼苗生理生化特征的影响 [J]. 种子, 37 (3): 40-45.

翁霞, 辛广, 李云霞, 2013. 蒽酮比色法测定马铃薯淀粉总糖的条件研究 [J]. 食品研究与开发, 34 (17): 86-88.

吴伟，陈学珍，谢皓，等，2005. 干旱胁迫下大豆抗旱性鉴定 [J]. 分子植物育种，3
  （2）：188-194.

伍惠，钟喆栋，王学路，等，2018. 与黑龙江大豆主栽品种匹配的优良根瘤菌筛选与鉴
  定 [J]. 应用与环境生物学报，24（1）：39-46.

武天龙，赵则胜，蒋家云，等，1999. 菜用大豆粒荚性状遗传变异及相关性的研究
  [J]. 上海农学院学报（2）：79-84.

武晓玲，谭千军，陈钒杰，等，2015. 大豆苗期茎秆相关性状对荫蔽的响应 [J]. 植物
  遗传资源学报.

武行健，2023. MZ1 大豆的遮荫耐性分析与鉴定 [D]. 沈阳：沈阳农业大学.

谢皓，朱世明，包子敬，等，2008. 干旱胁迫下大豆品种抗旱性评价与筛选 [J]. 北京
  农学院学报，28（3）：7-11.

谢荣，何志水，刘芳华，等，2006. 应用 cDNA-AFLP 技术鉴定紫花苜蓿（Medicago sa-
  tiva）根瘤发育相关基因 [J]. 科学通报，51（15）：1794-1801.

谢圣男，王宏光，辛大伟，等，2013. 大豆绥农 14 突变体库构建及株高性状分析
  [J]. 核农学报，27（3）：307-313.

熊淼，2019. 遮荫对两种白及生理特性的影响 [D]. 成都：四川农业大学.

徐豹，1986. 中国大豆起源地的三个新论据 [J]，大豆科学，5（2）：123-130.

徐传瑞，章建国，周俊初，2004. 大豆根瘤菌的分离与筛选 [J]. 华中农业大学学报
  （6）：635-638.

许东河，李东艳，程舜华，1991. 大豆百粒重与抗旱性及产量的关系 [J]. 中国油料，
  3（18）：64-66.

许东河，李冬艳，陈于和，1993. 盐胁迫对大豆膜透性丙二醛含量及过氧化物酶活性的
  影响 [J]. 华北农学报，8（S1）：78-82.

薛德林，侯立白，1988. 大豆与快生型及慢生型根瘤菌配对选优的研究 [J]. 沈阳农业
  大学学报（2）：15-21.

薛东胜，2008. 工业气相色谱仪和质谱仪的应用 [J]. 石油化工自动化，44（4）：
  55-57.

闫昊，王博，刘宝泉，2010. 大豆主茎节数、节间长度遗传分析及与株高关系研究
  [J]. 大豆科学，29（6）：942-947.

杨孟迪，沈红玲，曾红，等，2020. 阿拉尔引种不同大豆品种对比试验及其营养成分分
  析 [J]. 塔里木大学学报，32（2）：43-54.

杨鹏辉，李贵全，郭丽，等，2003. 干旱胁迫对不同抗旱大豆品种花荚期质膜透性的影
  响 [J]，干旱地区农业研究，21（3）：127-129.

杨森，2007. 1. 大豆间挥发性物质的差异性 2. 不同采收时间对豌豆苗产量性状的影
  响 [D]. 上海：上海交通大学.

杨昱，秦樊鑫，2014. 铜胁迫对大豆幼苗抗氧化系统的影响 [J]. 作物杂志（1）：5，

81-84.

姚兴东，2018. 遮荫对大豆光合生理和农艺性状的影响 [D]. 沈阳：沈阳农业大学.

姚兴东，王小凡，檀卓芮，等，2023. 生殖生长期遮光处理对大豆叶片光合生理和衰老的影响 [J]. 沈阳农业大学学报，54（5）：513-521.

杨鹏辉，李贵全，郭丽，等，2003. 干旱胁迫对不同抗旱大豆品种质膜透性的影响 [J]. 山西农业科学，31（3）：23-26.

尹田夫，1986. 不同抗旱性大豆茸毛适旱变态与茎形态解剖的比较研究 [J]. 大豆科学，5（3）：223-225.

应小芳，2005. 大豆耐铝毒的营养和生理机理研究 [D]. 杭州：浙江师范大学.

应兴华，徐霞，陈铭学，等，2010. 气相色谱-质谱技术分析香稻特征化合物 2-乙酰基吡咯啉 [J]，色谱，28，8：782-785.

于磊，刘宗林，徐宗艺，等，2019. NaCl 胁迫对大豆生理特征的影响 [J]. 安徽农业科学，47（24）：39-41.

於艳萍，毛立彦，宾振钧，等，2017. 遮荫处理对秋枫幼苗生理生态特性的影响 [J]. 热带亚热带植物学报，25（4）：323-330.

原向阳，郭平毅，张丽光，等，2009. 不同时期喷施草甘膦对大豆生理指标的影响 [J]. 中山大学学报（3）：21-26.

远一，2003. 数字式食品测味仪 [J]. 世界农业（6）：59.

允连，1989. 食品自动测味仪 [J]. 中国食品（4）：71.

臧紫薇，李文滨，韩英鹏，等，2016. 大豆种质资源苗期抗旱性评价 [J]. 大豆科学，35（6）：964-968.

曾仕晓，2018. 不同来源大豆品种对腐竹产量及品质的影响 [D]. 广州：华南农业大学.

翟羽佳，蔡若楠，陈玺同，等，2023. 不同基因型大豆根际及根内促生菌的分离筛选 [J]. 高师理科学刊，43（12）：74-81，87.

张海波，崔继哲，曹甜甜，等，2011. 大豆出苗期和苗期对盐胁迫的响应及耐盐指标评价 [J]. 生态学报，31（10）：2805-2812.

张红梅，王俊，余泳昌，等，2011. 基于电子鼻技术的信阳毛尖茶咖啡碱检测方法 [J]. 传感技术学报，24（8）：1223-1227.

张继浪，骆承庠，1994. 大豆在发芽过程中的化学成分和营养价值变化 [J]. 中国乳品工业（2）：68-74.

张继州，韩静，张宽，等，2015. 考马斯亮蓝法测定天花粉饮片水煎剂中蛋白质含量 [J]. 亚太传统医药，11（17）：26-27.

张丽娟，杜金哲，杨庆凯，2006. 大豆感染灰斑病菌后叶片中多酚氧化酶活性的变化 [J]. 华北农学报（5）：91-95.

张丽丽，2015. 大豆发芽过程中营养物质变化及发芽豆乳制备研究 [D]. 哈尔滨：东北农业大学.

张丽媛, 宗恩祥, 于润众, 等, 2020. 基于 GC-MS 分析不同品种小米代谢产物及代谢途径 [J]. 食品科学, 4: 1-13.

张林青, 2011. 水杨酸对盐胁迫下番茄幼苗生理指标的影响 [J]. 北方园艺 (21): 36-38.

张璐, 2017. 不同品种大豆与土壤中根瘤菌的多样性研究 [D]. 杨凌: 西北农林科技大学.

张美, 杨登想, 张丛兰, 等, 2014. 不同品种大米营养成分测定及主成分分析 [J]. 食品科技, 39 (8): 147-152.

张美云, 钱吉, 2001. 渗透胁迫下野生大豆游离脯氨酸和可溶性糖的变化 [J]. 复旦学报, 40 (5): 558-561.

张瑞军, 师颖, 穆志新, 等, 2008. 我国大豆育种的现状与发展对策 [J]. 山西农业科学, 36 (12): 20-22.

张婷, 苏婷, 连佳, 等, 2013. 外源钙对盐胁迫下匍枝萎陵菜生长及生理特性的影响 [J]. 天津农业科学, 19 (2): 1-5.

张喜成, 刘辉, 2010. 不同除草剂对大豆田杂草的防治效果研究 [J]. 植保土壤 (6): 15-21.

张晓, 吴宏伟, 于现阔, 等, 2019. 基于电子眼技术的穿心莲质量评价 [J]. 中国实验方剂学杂志, 25 (1): 189-195.

张彦军, 王兴荣, 张金福, 等, 2018. 大豆抗旱种质资源筛选及利用 [J]. 甘肃农业科技 (8): 54-60.

张莹, 2017. 不同生育时期遮阴对大豆形态性状和产量的影响 [J]. 农业工程技术, 37 (14): 77.

张永芳, 2008. 大豆品种、根瘤菌株的筛选及大豆苗期固氮相关性状的 QTL 分析 [D]. 济南: 山东师范大学.

张永芳, 范海, 2008. Ca^{2+} 在豆科植物根瘤形成中的作用 [J]. 现代农业科技 (4): 103-104, 106.

张永芳, 范海, 赵丽华, 等, 2016. 苗期大豆对除草剂草甘膦的耐受性研究 [J]. 山西大同大学学报 (自然科学版), 32 (4): 53-56.

张永芳, 高志慧, 史鹏清, 等, 2020. 基于不同大豆品种农艺性状及品质性状的适应性分析 [J]. 中国农业科技导报, 22 (8): 25-32.

张永芳, 黄昆, 马中雨, 等, 2009. 大豆苗期固氮相关性状的 QTL 分析 [J]. 大豆科学, 28 (4): 583-587.

张永芳, 李富恒, 吕怡杰, 等, 2021. 大豆 BADH 基因的生物信息学、多样性及功能分析 [J]. 大豆科学, 40 (1): 11-20.

张永芳, 刘文英, 安欢笑, 2015. 2 种外源酚酸对大豆苗期耐盐性的影响 [J]. 山西农业科学，43（2）：146-148.

张永芳，钱肖娜，王润梅，等，2019. 不同大豆材料的抗旱性鉴定及耐旱品种筛选[J]. 作物杂志（5）：41-45.

张永芳，王明明，张睿，等，2024. 基质对大豆芽苗菜生物学性状的影响与评价[J]. 大豆科学，43（2）：202-208.

张永芳，王明明，赵丽华，等，2022. 不同大豆品种萌芽过程营养成分变化规律比较[J]. 中国油料作物学报，44（6）：1368-1374.

张永芳，王润梅，张东旭，等，2011. 我国大豆耐旱性研究进展[J]. 山西农业科学，39（1）：88-90.

张永芳，王润梅，赵丽华，等，2016. 盐旱交叉胁迫对我国大豆耐旱性研究进展大豆萌发期保护酶的影响[J]. 种子，35（11）：96-99.

张永芳，原媛，2018. 微波萃取-考马斯亮蓝法提取大豆蛋白的工艺研究[J]. 食品工业，39（9）：44-48.

张煜炯，乌晓，罗益远，等，2020. GC-MS分析三叶青块根和藤茎叶挥发性成分[J]. 人参研究，32（4）：22-26.

张赟彬，缪存铅，崔俭杰，2009. 吹扫/捕集-热脱附气质联用法对荷叶挥发油成分的对比分析[J]. 化学学报，67（20）：2368-2374.

张争艳，2008. 大豆对铝胁迫响应的研究[D]. 杭州：浙江师范大学.

张志良，瞿伟菁，2003. 植物生理学实验指导[M]. 3版. 北京：高等教育出版社.

赵洪雷，冯媛，徐永霞，等，2021. 海鲈鱼肉蒸制过程中品质及风味特性的变化[J]. 食品科学，4，1-11.

赵景波，赵德安，蒋春彬，2006. 基于神经网络的电子鼻肺癌早期诊断系统[J]. 电子技术应用（7）：8-10.

赵婧，2015. 电子鼻在种子生活力检测和品种鉴别中的应用研究[D]. 呼和浩特：内蒙古大学.

赵立琴，2014. 干旱胁迫对大豆抗旱生理指标及产量和品质影响[D]. 哈尔滨：东北农业大学.

赵然，2017. 中华根瘤菌属大豆根瘤菌共生匹配性的适应性进化机制[D]. 北京：中国农业大学.

赵世杰，许长成，邹琦，等，1994. 植物组织中丙二醛测定方法的改进[J]. 植物生理学通讯，30（3）：207-210.

赵述文，邹淑华，孙晓陆，1991. 大豆不同抗旱性品种叶片电镜观察 I 叶片茸毛、叶片横切面组织结构的差异[J]. 吉林农业科学（1）：89-92.

赵团结，盖钧镒，2004. 栽培大豆起源与演化研究进展[J]. 中国农业科学，37（7）：954-962.

赵鑫，2015. 不同进口大豆及其制品的营养品质评定[D]. 南京：南京农业大学.

赵云娜，2014. 锰胁迫对大豆生长和产量的影响 [J]. 大豆科学，33，(6)：876-889.

甄泉，严密，杨红飞，等，2006. 铜污染对野艾蒿生长发育的胁迫及伤害 [J]. 应用生态学报，17 (8)：1505-1510.

郑景云，黄金火，1998. 我国近 40 年的粮食灾损评估 [J]. 地理学报，53 (6)：23-32.

郑世英，金桂芳，耿建芬，等，2015. 野生大豆与栽培大豆种子营养成分比较 [J]. 湖北农业科学，54 (3)：520-522.

郑世英，李妍，张秀玲，2010. 5-磺基水杨酸对盐胁迫下玉米种子萌发和幼苗生长的影响 [J]. 种子，29 (9)：82-84.

郑凯，何娟，康长安，等，2006. 气相色谱-质谱联用在农药残留检测方面的应用进展 [J]，分析测试技术与仪器 (1)：51-58.

周恩远，刘丽君，祖伟，孙聪姝，2008. 春大豆农艺性状与品质相关关系的研究 [J]. 东北农业大学学报 (2)：145-149.

周学超，丁素荣，魏云山，等，2017. 不同鲜食大豆品种 (系) 在赤峰地区的适应性评价 [J]. 作物杂志 (3)：44-48.

朱莉，2004. 山西省大豆资源遗传多样性分析及核心种质构建 [D]. 乌鲁木齐：新疆农业大学.

朱向明，韩秉进，2014. 不同供磷水平下苗期大豆根系形态特征及吸水特性 [J]. 土壤与作物，3：112-116.

朱新荣，胡筱波，潘思轶，等，2008. 大豆发芽期间多种营养成分变化的研究 [J]. 中国酿造 (12)：64-66.

庄炳昌，惠东威，王玉民，等，1994，中国不同纬度不同进化类型大豆 RAPD 分析 [J]，科学通报，23：2178-2180.

邹光宇，王万章，王淼森，等，2019. 电子鼻/舌融合技术的信阳毛尖茶品质检测 [J]. 食品科学，40 (10)：279-284.

ADAMS A，DE K N，2007. Formation of pyrazines and 2-acetyl-1-pyrroline by Bacillus cereus [J]. Food Chemistry，101：1230-1238.

ALSCHER R G，ERTURK N，HEATH L S，2002. Role of superoxide dismutases (SODs) in controlling oxidative stress in plants [J]. Journal of Experimental Botany，53 (372)：1331-1341.

ANÉ J M，LÉVY J，THOQUET P，et al.，2002. Genetic and cytogenetic mapping of *DMI1*, *DMI2*, and *DMI3* genes of medicago truncatula involved in nod factor transduction, nodulation and mycorrhization [J]. The American Phytopathological Society，15 (11)：1108-1118.

ARAKAW A K，TAKABE T，SUGIYAMA T，et al.，1987. Purification of betaine aldehyde-dehy drogenase from spinach leaves and preparation of its antibody [J]. Japanese Biochemical Society (101): 1485-1488.

ARIKIT S, YOSHIHASHI T, WANCHANA S, et al., 2010. Deficiency in the amino alde-hyde dehydrogenase encoded by GmAMADH2, the homologue of rice Os2AP, enhances 2-acetyl-1-pyrroline biosynthesis in soybeans (*Glycine max* L.) [J]. Plant Biotechnology Journal, 122 (2): 311-316.

ATRESS S M, FOEKE L C, 1993, Embryogeny of gymnosperms: advances in synthetic seed technology of conifers [J].Plant cell, Tissue and Organ Culture, 35 (1): 1-3.

AVRDC, 2002. The World Vegetable Center, Shanhua [D], Taiwan: 182.

BARKER D G, FRANSSEN H J, VIJN I, et al., 1992. Rhizobium meliloti elicits transient expression of the early nodulin gene *ENOD12* in the differentiating root epidermis of trans-genic alfalfa [J]. Plant Cell, 4 (10): 1199-1211.

BAUER P, CRESPI M D, SZÉCSI J, et al., 1994. Alfalfa *Enod12* genes are differentially regulated during nodule development by Nod factors and Rhizobium invasion [J]. Plant Physiology, 105 (2): 585-592.

BERHOW M A, WAGNER E D, VAUGHN S F, et al., 2000. Characterization and anti-mutagenic activity of soybean saponins [J]. Mutatation Research, 448 (1): 11-22.

BRAHMACHARY R L, SARKAR M P, DUTTA J, 1990. The aroma of rice. and tiger [J]. Nature, 344, 26: 6261-6267.

BRAY E A, 1997. Plant responses to water deficit [J]. Trends Plant Science, 2 (2): 48-54.

BOGLÁRKA OLÁH, CHNSTAN BRIÈRE, GUILLAUME BÉCARD et al., 2010. Nod factors and a diffusible factor from arbuscular mycorrhizal fungi stimulate lateral root formation in Medicago truncatula via the *DMI1/DMI2* signalling pathway [J]. Plant Jaurnal, 44, 95-207.

BUTTERY R G, LING L C, JULIANO O B, et al., 1983. Cooked rice aroma an 2-acetyl-1-pyrroline [J]. Journal of Agricultural and Food Chemistry, 31: 823-826.

CALDWELL B E, 1966. Inheritance of a strain-specific ineffective nodulation in soybeans [J]. Crop Science, 6: 427-428.

CHARON C, JOHANSSON C, KONDOROSI E, et al., 1997. Enod40 induces dedifferen-tiation and division of root cortical cells in legumes [J]. Plant Biology, 94: 8901-8906.

CHEN Y Y, GU X H, HUANG S Q, et al., 2010. Optimization of ultrasonic/microwave as-sisted extraction (UMAE) of polysaccharides from Inonotus obliquus and evaluation of its anti-tumor activities [J]. International Journal of Biological Macromolecules, 46 (4): 429-435.

COLEBATCH G, KLOSKA S, TREVASKIS B, et al., 2002. Novel aspects of symbiotic nitrogen fixation uncovered by transcript profiling with cDNA arrays [J]. Mol Plant-Microbe Interact, 15: 411-420.

CREGAN P B, KEVSER H H, 1989. Soybean genotype restricting modulation of a previously unrestricted serocluster 123 bradvrhizobia [J]. Crop Science. 29 (2): 307-312.

DANDAN L, PFEIFFER T W, CORNELIUS P L, 2008. Soybean QTL for Yield and Yield Components Associated with Glycine soja Alleles [J]. Crop Science Society of America, 48: 571-581.

DAVID R W, ALAN K W, WOOD E D, et al., 2006. Gametic selection by glyphosate in soybean plants hemizygous for the CP4 EPSPS trans-gene [J]. Crop Science, 46: 30-35.

DENARIE J, 1996. Rhizobium lipo-chitooligosaccharide nodulation factor: Signaling molecules mediating recogntion and morphogenesis [J]. Annual Review Biochemistry, 65: 503-535.

DHAKAL K H, JUNG K H, CHAE J H, et al., 2014. Variation of unsaturated fatty acids in soybean sprout of high oleic acid accessions [J]. Food Chemistry, 164 (3): 70-73.

DHULAPPANAVAR C V, 1976. Inheritance of scent in rice [J]. Euphytica, 25: 659-662.

ENDRE G, KERESZT A, KEVEI Z, et al., 2002. A receptor kinase regulating symbiotic nodule development [J]. Nature, 417: 962-966.

FORDHAM J R, WELLS C E, CHEN L H, 2006. Sprouting of seeds and nutrient composition of seeds andsprouts [J]. Journal of Food Science, 40 (3): 552-556.

FRANSSEN H J, NAP J P, GLOUDEMANS T, et al., 1987. Characterization of cDNA for nodulin-75 of soybean: A gene product involved in early stages of root nodule development [J]. Proceedings of the National Academy of Sciences, 84 (13): 4495-4499.

FRIDOVICHI, 1986. Biological effects of the super oxideradical [J]. ArchivesBiochemistry and Biophysics, 247 (1): 1-11.

FUKUDA Y, 1933. Cyto-genetical studies on the wild and cultivated Manchurian soybean (*Glycine* L.) [J]. Joural of Japanese botany, 6: 485-506.

FUSHIMI T, MASUDA R, 2001. 2-acetyl-1-pyrroline concentration of the vegetable soybean. In: Lumpkin T, Shanmugasundaram S (eds) Proceeding of the 2nd international vegetable soybean conference [J]. Washington State University, Pullman, 39: 3-5.

GARNER E R, 1985. Influence of gene type and growth stage on nitrogen fixation in soybean [J]. Soybean Genetics Newsletter (12): 71-75.

GONG, W. Z., JIANG, et al., 2015. Tolerance vs. avoidance: two strategies of soybean (*Glycine max*) seedlings in response to shade in intercropping [J]. Photosynthetica, 53: 259-268.

HANSON A D, MAY A M, GRUMET R, et al., 1985. Betaine synthesis in chenopods: Localization in chloroplasts [J]. Proceedings of the National Academy of Sciences of the U S A (82): 3678-3682.

HASANUZZAMAN M, NAHAR K, HOSSAIN M S, et al., 2017. Coordinated action sofgly oxalase and antioxidant defense systemsin conferring abiotic stress tolerance in plants [J]. International Journal of Molecular Sciences, 18 (1): 200.

HAYAKAWA K, MIZUTANI J, WADA K, et al., 2009. Effects of soybean oligosaccharides on human faecal flora [J]. Microbial Ecology in Health and Disease, 3 (6): 293-303.

HE Q, YU J, KIM T S, et al., 2015. Resequencing reveals different domestication rate for BADH1 and BADH2 in rice (*Oryza sativa*) [J]. Plos One, 10 (8): e0134801.

HUNGRIA M, STACEY G, 1997. Molecular signal exchange between host plant and rhizobia: basic aspects and potential application in agriculture [J]. Soil Biology and Biochemistry, 29 (5-6): 819-830.

HYMOWITZ T, NEWELL C A, 1981. Taxonomy of the genus Glycine, domestication and uses of soybeans [J]. Economic Botany, 35 (3): 272-288.

IFTEKHAR A, SHAMIMA A S, KYUNG H K, et al., 2010. Proteomeanaly sisofsoy bean roots subjected to short-termdrought stress [J]. Plant Soil, 333 (1/2): 491-505.

JUWATTANASOMRAN R, SOMTA P, KAGA A, 2012. Identification of a new fragrance allele in soybean and development of its functional marker [J]. Molecular Breeding, 29: 1321.

JUWATTANASOMRAN, SOMTA P, CHANKAEW S A, 2011. SNP in *GmBADH2* gene associates with fragrance in vegetable soybean variety "Kaori" and SNAP marker development for the fragrance [J]. Theoretical and Applied Genetics, 122: 533-541.

KANEKO T, NAKAMURA Y, SATO S, et al., 2002. Complete genomic sequence of nitrogen-fixing symbiotic bacterium Bradyrhizobium japonicum USDA110 [J]. DNA Research, 9: 189-197.

KILEN C, PALMER R G, 1987. Qualitative genetics and cytogenetics [J]. Agronomy, 16: 135-209.

KIM M Y, VAN K, LESTARI P, et al., 2005. SNP identification and SNAP marker development for a GmNARK gene controlling supernodulation in soybean [J]. Theoretical and Applied Genetics, 110: 1003-1101.

KIM S, KIM W, HWANG I K, 2003. Optimization of the extraction and purification of oli gosaccharidesfrom defatted soybean meal [J]. International Journal of Food Science & Technology, 38 (3): 337-342.

KRUSELL L, MADSEN L H, SATO S, et al., 2002. Shoot control of root development and nodulation is mediated by a receptor-like kinase [J]. Nature, 420: 422-425.

LANDAU-ELLIS D, ANGERMÜLLER S, SHOEMAKER R, et al., 1991. The Genetic locus controlling supernodulation in soybean (*Glycine max* L.) co-segregates tightly with a cloned molecular marker [J]. Molecular and General Genetics, 228 (1-2): 21-226.

LEVY J, BRES C, GEURTS R, et al., 2004. A putativeCa^{2+} and calmodulin-dependent protein kinase required for bacterial and fungal symbioses [J]. Science, 303: 1361-1364.

LI D D, PFEIFFER T W, CORNELIUS P L, 2008. Soybean QTL for yield and yield components associated with glycine soja alleles [J]. Crop Science Society of America, 48: 571-581.

MA H Y, GUO R, LI H A, et al., 2008. Study on salinity tolerance of tomatoes during seed germination under different salt stress conditions [J]. Agricultural Science & Technology, 9 (4): 4-7.

MADSEN E B, MADSEN L H, RADUTOIU S, et al., 2003. A receptor kinase gene of the LysM type is involved in legume perception of rhizobial signals [J]. Nature, 425: 637-640.

MASUDA R, 1991. Quality requirement and improvement of vegetable soybean. In Shanmugasundaram S (ed) Vegetable soybean: research needs for production and quality improvement [J]. Asian Vegetable Research and Development Center, Taiwan, 92-102.

MEBRAHTU T, MOHAMED A, MERSIE W, 1991. Green pod yield and architectural trait selected vegetable soybean genotypes [J]. Journal of Production Agriculture., 4: 395-399.

NAGARAJU J, KATHIRVEL M, KUMAR R R, et al., 2002. Genetic analysis of traditional and evolved Basmati and non-Basmati rice varieties by using fluorescence-based ISSR-PCR and SSR markers [J]. Proceedings of the National Academy of Sciences of the United States of America, 99 (9): 5836-5836.

NICOLÁS M F, HUNGRIA M, ARIAS C A A, 2006. Identification of quantitative trait loci controlling nodulation and shoot mass in progenies from two Brazilian soybean cultivars [J]. Field Crops Research, 95 (2-3): 355-366.

NODARI R O, TSAI S M, GUZMAN P, et al., 1993. Genetic factors controlling host-bacteria interactions [J]. Genetics, 134: 341-350.

NUTMAN P S, 1967. Varietal differences in the nodulation of subterranean clover [J]. Australian Journal of Agricultural Research, 18 (3): 381-425.

PANTHEE D R, KWANYUEN P, SAMS C E, et al., 2004. Quantitative trait loci for β-conglycinin (7S) and glycinin (11S) fractions of soybean storage protein [J]. Journal of the American Oil Chemists' Society, 81 (11): 1005-1012.

PARIDA, A K, DAS A B, 2005. Salt tolerance and salinity effects on plants [J]. Ecot oxicology and Environmental Safety, 60: 324-349.

PICHON M, JOURNET E P, DEDIEU A, et al., 1992. Rhizobium meliloti elicits transient expression of the early nodulin gene ENOD12 in the differentiating root epidermis of transgenic alfalfa [J]. Plant Cell, 4 (10): 1199-1211.

PLONJAREAN S, PHUTDHAWONG W, SIRIPIN S, et al., 2007. Flavour compounds of the Japanese vegetable soybean "Chakaori" growing in Thailand [J]. Maejo International Journal of Science and Technology, 1 (1): 1-9.

PUJI L, KYUJUNG V, MOON Y, et al., 2006. Differentially expressed genes related to symbiotic association in a supernodulation soybean mutant and its wild types [J]. Molecular plant pathology, 7 (4): 235-247.

RADUTOIU S, MADSEN L H, MADSEN E B, et al., 2003. Plant recognition of symbiotic bacteria requires two LysM receptor-like kinases [J]. Nature, 425 (6958): 585-592.

REDONDO C A, VILLANUEVA-SUAREZ M J, RODRÍGUEZ-SEVILLAM D, et al., 2006. Chemical composition and dietary fibre of yellow and green commercial soybeans (*Glycine max*) [J]. Food Chemistry, 101 (3): 1216-1222.

SAJAD HUSSAIN, NASIR IQBAL, TANZEELUR RAHMAN, et al., 2019. Shade effect on carbohydrates dynamics and stem strength of soybean genotypes [J]. Environmental and Experimental Botany, 162: 374-382.

SATHE S K, ANINE B C, 1992. Chemical form of selenium in soybean lection [J]. Agriculture and Food Chemistry, 40 (11): 2084-2091.

SCHIEBERLE P, WENER G, 1911. Potent odorants of the wheat bread crumb. Z. Lebensm. -Unters [J]. Forsch, 192, 130-135.

SCHNEIDER A, WALKER S, SAGAN M, 2002. Mapping of the nodulation loci sym9 and sym10 of pea (*Pisum sativum* L.) [J]. Theoretical and Applied Genetics, 104 (8): 1312-1316.

SENARATNA T D, TOUCHELL E B, DIXON K, 2000. Acetyl salicy acid (aspirin) and salicylic acid induce multiple stress tolerance in bean and tomato plants [J]. Plant Growth Regulation, 30 (2): 157-161.

SERDAR M, NESLIHAN S G, NURAN D, et al., 2011. Changes in anatomical and physiological parameters of soybean under drought stress [J]. Turkish Journal of Botany, 35 (4): 369-377.

SHARMA P B, AJIT S, RANGIL S, 1973. Symbiotic nitrogen fixation by winter legumes. A comparative efficiency between an Indian and an Australian variety of legume, Medicago sativa [J]. Indian J. Agriculture Research, 7 (3): 159-163.

SHINODA O, 1971. A treatise on tofu (bean curd) [J]. The Continent Magazine, 42, 172-178.

SMIT P, LIMPENS E, GEURTS R, et al., 2007. Medicago LYK3, an Entry Receptor in

Rhizobial Nodulation Factor Signaling [J]. American Society of Plant Biologists, 145: 183-191.

SNOWDON E M, BOWYER M C, GRBIN P R, et al., 2006. Mousy Off-Flavor: A Review [J]. Journal of Agricultural and Food Chemistry, 54 (18): 6465-6474.

SOFO A, SCOPA A, NUZZACI M, et al., 2015. Ascorbateper oxidase and catalase activities and the irgenetic regulation in plants subjected to drought and salinity stresses [J]. International Journal of Molecular Sciences, 16 (6): 13561-13578.

SOOD B C, 1975. A rapid technique for scent determination in rice [J]. Indian Journal of Genetic & Plant Breeding, 38 (2): 268-275.

SRISEADKA T, WONGPORNCHAI S, KITSAWATPAIBOON P, 2006. Rapid method for quantitative analysis of the aroma impact compound, 2-acetyl-1-pyrroline, in fragrant rice using automated headspace gas chromatography [J]. Journal of Agricultural and Food Chemistry, 54: 8183-8189.

STOUGARD J, 2000. Regulators and regulation of legume root nodule development [J]. Plant Physiology, 124 (2): 531-540.

STRACKE S, KISTNER C, YOSHIDA S, et al., 2002. A plant receptor – like kinase required for both bacterial and fungal symbiosis [J]. Nature, 417: 959-962.

SUGAWARA M, ITO D, YAMAMOTO K, et al., 2007. Kunitz soybean trypsin inhibitor is modified at itsC-terminus by novel soybean thiol protease (protease T 1) [J]. Plant Production Science, 10 (10): 314-321.

TAN Z Y, WANG E T, PENG G X, 1999. Characterization of bacteria isolated from wild legumes in theNorth-Western regions of China [J]. International Journal Systematic Bacteriology, 49: 1457-1469.

TEIXEIRA G G, DIAS L G, RODRIGUES N, et al., 2021. Application of a lab-made electronic nose for extra virgin olive oils commercial classification according to the perceived fruitiness intensity [J]. Talanta, 226: 122.

TEUKU T, SATOSH W, NAOKI Y, et al., 2003. Analysis of quantitative trait loci for protein and lipid contents in soybeen seeds using recombinant inbred lines [J]. Breeding Science, 53 (2): 133-140.

VEST G, CALDWELL B E, 1972. Rj4—A gene conditioning ineffective nodulation in soybean [J]. Crop Science, 12: 692-693.

WAIS R J, GALERA C, OLDROYD G, et al., 2000. Long SR: Genetic analysis of calciumspiking responses in nodulation mutants of Medicagotruncatula [J]. Proceedings of the National Academy of Sciences of the United States of America, 97: 13407-13412.

WANCHANA S, KAMOLSUKYUNYOUNG W, RUENGPHAYAK S, et al., 2005. A rapid construction of a physical contig across a 4. 5cM region for rice grain aroma facilitates marker enrichment for positional cloning [J]. Science Asia, 31: 299–306.

WANG E T, VAN BERKUM P, SUI X H, 1999. Diversity of Rhizobia associated with Amorpha fruticosa isolated from Chinese soils and description of Mesorhizobium zmorpphae sp nov [J]. International Journal of Systematic Bacteriology, 49: 51–65.

WANG X, LI Y, WANG X, et al., 2022. Physiology and metabonomics reveal differences in drought resistance among soybean varieties [J]. Botanical Studies, 63: 8.

WERETILNYK E A, HANSON A D, 1990. Molecular cloning of a plant betaine–aldehyde dehydrogenase, an enzyme implicated in adaptation to salinity and drought [J]. Proceedings of the National Academy of Sciences of the United States of America, 87 (7): 2745–2749.

WIDJAJA R, CRASKE J D, WOOTTON M, 1996. Comparative studies on volatile components of non–fragrant and fragrant rices [J]. Journal Science of Food Agriculture, 70: 151–161.

WIEL C, SCHERES B, FRANSSEN H, et al., 1990. The early nodulin transcript *ENOD2* is located in the nodule parenchyma (inner cortex) of pea and soybean root nodules [J]. EMBO, 9 (1): 1–7.

WOOD A J, SANEOKA H, RHODES D, et al., 1996. Betaine aldehyde dehy drogenase in sorghum [J]. Plant Physiology, 110: 1301–1308.

WU M L, CHOU K L, WU C R, et al., 2009. Characterization and the possible formation mechanism of 2 – acetyl – 1pyrroline in aromatic vegetable soybean (*Glycine max* L.) [J]. Journal Food Science, 74: 192–197.

YAMAGUCHI–SHINOZAKI K, SHINOZAKI K, 1993. Characterization of the expression of a desiccation responsive rd29A gene of Arabidopsis thaliana and analysis of its promoter in transgenic plants [J]. Molecular Genetics and Genomics, 236 (2): 331–340.

YAN A M, WANG E T, KAN F L, 2000. Sinorhizobium melilotii associated with Medicago sativa and Melilotus spp [J]. Annual Review Plant Biology, 50: 1887–1891.

YOSHIHASHI T, 2002. Quantitative analysis on 2 – acetyl – 1 – pyrroline of an aromatic rice by stable isotope dilution method and model studies on its formation during cooking [J]. Journal Food Science, 67 (2): 619–622.

ZHU J K, 2002. Salt and drought stress signal transduction in plants [J]. Annual Review Plant Biology, 53: 247–273.

ZHANG Y F, ZHANA C Y, ZHANG B, et al., 2021. Establishment and application of an accurate identification method for fragrant soybeans [J]. Journal of integrative agriculture, 20 (5): 1193–1203.